W0175123

Eine Arbeitsgemeinschaft der Verlage

Böhlau Verlag · Wien · Köln · Weimar
Verlag Barbara Budrich · Opladen · Toronto
facultas.wuv · Wien
Wilhelm Fink · München
A. Francke Verlag · Tübingen und Basel
Haupt Verlag · Bern · Stuttgart · Wien
Julius Klinkhardt Verlagsbuchhandlung · Bad Heilbrunn
Mohr Siebeck · Tübingen
Nomos Verlagsgesellschaft · Baden-Baden
Ernst Reinhardt Verlag · München · Basel
Ferdinand Schöningh · Paderborn · München · Wien · Zürich
Eugen Ulmer Verlag · Stuttgart
UVK Verlagsgesellschaft · Konstanz, mit UVK / Lucius · München
Vandenhoeck & Ruprecht · Göttingen · Bristol
vdf Hochschulverlag AG an der ETH Zürich

Fit für die Prüfung!

Du hast dich für ein Studium ent-
schlossen und stehst jedes Semester-
ende vor mehreren Prüfungen.
Die UTB-Reihe »Fit für die Prüfung«
hilft dir, dabei nicht unter die Räder
zu kommen. Sie stellt Prüfungswissen besonders kompakt dar und
legt Wert auf das schnelle Verständnis. Für jeden Lerntyp die richtige
Methode:

- Die **Lernkarten** zeigen dir Schwierigkeitsgrade an und ziehen ganz
  unterschiedliche Fragetechniken heran, die von Single Choice über
  Begriffsdefinitionen bis hin zu Lückentexten und grafischen Fragen
  reichen.

- Die **Lerntafeln** stellen dir auf kompakteste Weise – auf nur 6 Seiten –
  neben dem wichtigsten Prüfungswissen auch Definitionen in einem
  Glossar dar. Geeignet für Studierende in extremer Zeitnot.

- Das **Lernbuch** hilft dir durch eine knackige Themenheranführung,
  überraschende Prüfungstipps, kompakte Wissensvermittlung und
  eine spielerische Lernstandskontrolle dabei, Wissenslücken schnell zu
  schließen.

Weitere hilfreiche Materialien sowie wichtige Informationen rund um
Prüfungen findest du unter

fit-lernhilfen.de

Gerald Pilz

Fit für die Prüfung: Personalwirtschaft

Lernbuch

UVK Verlagsgesellschaft mbH · Konstanz
mit UVK/Lucius · München

Dr. Dr. Gerald Pilz lehrt Betriebswirtschaftslehre an deutschen Hochschulen.

Online-Angebote oder elektronische Ausgaben sind erhältlich unter www.utb-shop.de.

Bibliografische Information der Deutschen Bibliothek
Die Deutsche Bibliothek verzeichnet diese Publikation in der Deutschen Nationalbibliografie; detaillierte bibliografische Daten sind im Internet über <http://dnb.ddb.de> abrufbar.

© UVK Verlagsgesellschaft mbH, Konstanz und München 2013

Einbandgestaltung: Atelier Reichert, Stuttgart
Einbandmotiv: istockphoto.com, t_kimura
Druck und Bindung: cpi – Ebner & Spiegel, Ulm

UVK Verlagsgesellschaft mbH
Schützenstr. 24 · 78462 Konstanz
Tel. 07531-9053-0 · Fax 07531-9053-98
www.uvk.de

UTB-Nr. 3799
ISBN 978-3-8252-3799-8

Inhalt

Über das Buch

Die Personalwirtschaft ist ein zentrales Element des betriebswirtschaftlichen Studiums. Aus diesem Grund steht das Thema der Personalwirtschaft in der Regel am Beginn eines wirtschaftswissenschaftlichen Studiums oder einer kaufmännischen Ausbildung.

In diesem Lernbuch findest du alle wesentlichen Inhalte zu diesem Thema. Dabei unterscheidet sich das **Lern**buch deutlich von einem herkömmlichen **Lehr**buch. Du kannst mit dem Lernbuch aus der Reihe Fit für die Prüfung gezielt dein Wissen für die Prüfung aufarbeiten. Jede Lern**etappe** ist auf die Prüfung zugeschnitten. Neben den wichtigen Stichworten findest du wertvolle und themenbezogene Prüfungs**tipps** zu Beginn. Nach jeder Etappe kannst du deinen Wissensstand überprüfen.

Am Buchende findest du ein Glossar mit den wichtigsten Begriffen.

Der Autor und der Verlag möchte dir mit den Produkten aus der Reihe Fit für die Prüfung

- Lernbuch
- Lernkarten
- Lerntafel

das für dich geeignetste Lernmittel zur Verfügung stellen. Eine Übersicht über die Produkte findest du unter fit-lernhilfen.de. Dort kannst du uns auch mitteilen, wie hilfreich ein Produkt für deinen Prüfungserfolg war.

Und nun, viel **Erfolg** bei deiner Prüfungsvorbereitung.

Etappe 1:
Die Personalwirtschaftslehre

⊕ Startschuss:
Schlagwörter und Prüfungstipps

Was erwartet mich in diesem Kapitel?

In diesem Kapitel werden die Grundbegriffe der Personalwirtschaftslehre definiert und näher erläutert. Darüber hinaus geht es um die Struktur dieser Teildisziplin und die einzelnen personalwirtschaftlichen Funktionen.

Welche Schlagwörter lerne ich kennen?

■ Personalwirtschaft ■ Personalwirtschaftslehre ■ Personalmanagement ■ Innovationsfähigkeit ■ Wettbewerbsfähigkeit ■ Personalcontrolling ■ Personalpolitik ■ Personalentwicklung ■ Personalverwaltung ■ Personalbetreuung ■ Personalvergütung ■ Personalbeschaffung ■ Personalfreistellung ■ Personalführung ■ Personaleinsatz ■ Human Resource Management ■ Personalmarketing ■ Personalwirtschaftliche Funktionen ■ Personalabteilung ■ Personalwesen ■ Costcenter ■ Wertschöpfungscenter ■ Profitcenter ■ Servicecenter ■ Spartenorganisation

Wofür benötige ich dieses Wissen?

Diese Grundbegriffe sind wichtig für das Verständnis der Personalwirtschaftslehre. Sie bilden die Basis für alle späteren Themen.

Welchen Prüfungstipp kann ich aus diesem Abschnitt ziehen?

■ In Prüfungen wird häufig gefordert, einen Überblick über die personalwirtschaftlichen Funktionen zu geben und diese näher zu erläutern. ■ In Examina solltest du ausführlich darstellen können, welchen Stellenwert die Personalwirtschaft für die Wettbewerbs- und Innovationsfähigkeit eines Unternehmens hat. ■ Du solltest die Ziele kennen, die die Personalwirtschaft in einem Unternehmen hat. ■ Du musst mit modernen Konzeptionen der Personalwirtschaft, wie beispielsweise dem Costcenter, vertraut sein.

Los geht's!

> **Definition**
> Die Personalwirtschaft ist ein für die Ertragssituation und die Innovationsfähigkeit maßgeblicher Funktionsbereich im Unternehmen. Die Personalwirtschaft umfasst das gesamte unternehmensinterne System der Dienstleistungen, die mitarbeiterrelevant sind.

Ohne ein hoch qualifiziertes und engagiertes Personal kann ein Unternehmen die optimale Position auf den Weltmärkten und die Wettbewerbsfähigkeit langfristig nicht aufrecht erhalten. Daher haben die Personalwirtschaft und das Personalmanagement einen herausragenden, primären Stellenwert für die Effizienz, die Effektivität und die Produktivität des Unternehmens.

Das Personal ist betriebswirtschaftlich betrachtet ein **dispositiver Produktionsfaktor** und eine der wichtigsten Determinanten für den Unternehmenserfolg, denn Arbeit allein trägt dazu bei, dass ein Unternehmen wettbewerbsfähige und qualitativ hochwertige Güter und Dienstleistungen herstellen und zu adäquaten Preisen auf den Markt bringen kann.

> Die **Personalwirtschaftslehre** fungiert als eine Teildisziplin der Betriebswirtschaftslehre, die in verschiedene Einzelbereiche unterteilt werden kann. Diese Einzeldisziplinen sind beispielsweise das → Personalcontrolling, die → Personalpolitik, die → Personalentwicklung, die → Personalverwaltung und andere.

Personalwirtschaftliche Funktionen

Personalplanung	Personalbetreuung
Personalbeschaffung	Personalverwaltung
Personaleinsatz	Personalfreistellung
Personalentwicklung	Personalführung
Personalvergütung	Personalcontrolling

> Die **Personalwirtschaft** beruht auf einer interdisziplinären Perspektive, die auf verschiedene andere Sozialwissenschaften wie beispielsweise die Psychologie, die Soziologie, die Rechtswissenschaft, die Volkswirtschaftslehre und die Berufspädagogik zurückgreift.

Der Begriff der Personalwirtschaft ist eng verwandt mit dem des Personalmanagements, der das Konzept der Führung und der Leitung des Personals in den Vordergrund stellt.

Eine zunehmende Bedeutung in der Personalwirtschaft gewinnt der Begriff des → Personalmarketings, der sich vorrangig auf die → Personalbeschaffung und auf die Platzierung des Unternehmens am Arbeitsmarkt bezieht.

Darüber hinaus wird auch der Terminus des **Human Resource Managements** verwendet, der vor allem in den USA etabliert ist. Das Human Resource Mangement hat in seinen Bedeutungsumfang eine ganzheitliche Sichtweise der Personalwirtschaft hervorgehoben.

In der Personalwirtschaft gibt es verschiedene Koalitionspartner, die nach unterschiedlichen Kriterien kategorisiert werden können. Beispielsweise werden Arbeitnehmer traditionell in Arbeiter und Angestellte untergliedert. Historische Terminologien spiegeln sich auch in dem Begriffspaar „Betriebsrat" und „Personalrat" wider.

Auch **Berufsgruppen** lassen sich differenzieren, wie beispielsweise Kaufleute und Techniker, was sich in der Unternehmensorganisation manifestiert. Darüber hinaus findet eine Differenzierung nach

Hierarchieebenen wie Sachbearbeiter und Abteilungsleiter sowie informellen Gruppen statt.

> **Definition**
> Das Personal lässt sich definieren als die → Belegschaft, die in einer Organisation arbeitet und gegen Entgelt Arbeit leistet, um die Unternehmensziele zu erreichen. Das Personal ist für die Umsetzung der Geschäftsprozesse zuständig.

Ziele der Personalwirtschaft

Die Ziele der Personalwirtschaft lassen sich in wirtschaftliche und soziale Ziele auffächern. Die organisatorischen Ziele beziehen sich auf die organisatorische Struktur des Unternehmens. Die wirtschaftlichen Ziele der Personalwirtschaft bestehen in dem optimalen Einsatz der menschlichen Arbeit und der Minimierung der dabei entstehenden Kosten, die nach dem ökonomischen Effizienzprinzip des → Personalcontrolling und differenzierten Kennzahlensystemen bewertet werden.

Im Vordergrund steht die qualitative und quantitative Steigerung der menschlichen **Arbeitsleistung**, die durch eine höhere und differenzierte Form der Arbeitsorganisation bewerkstelligt werden kann. Auch die Nutzung der Berufserfahrungen und der Fachkenntnisse der Mitarbeiter im Rahmen des Wissensmanagements ist ein wichtiges wirtschaftliches Ziel.

Zudem definiert die Personalwirtschaft **soziale Ziele**, die der Verbesserung der sozialen Lage der Belegschaft dienen sollen. Hierzu gehören die ergonomische Arbeitsplatzgestaltung, der umfassende Arbeitsschutz, die Verbesserung der Arbeitsbedingungen, eine optimale → Personalführung, eine innovative und zukunftsorientierte → Personalentwicklung und eine moderne Form der Mitbestimmung, die dazu beitragen soll, das Arbeitsklima erheblich zu verbessern und die Eigenverantwortung zu stärken.

Die Personalabteilung

Definition

Die Personalabteilung ist eine Organisationseinheit des Unternehmens und stellt eine betriebliche Funktion dar, die darauf ausgerichtet ist, Personal zu beschaffen, optimal im Unternehmen einzusetzen sowie angemessen zu betreuen und zu verwalten.

Bisweilen wird die Personalabteilung auch umgangssprachlich als **Personalwesen** bezeichnet.

An der Spitze der Personalabteilung steht im Allgemeinen die Personalleitung. Die Aufgaben der Personalabteilung bestehen in der Erfüllung der Personalwirtschaftsfunktionen bei der Ausgestaltung von Sozialleistungen, bei der → Personalführung und anderen Aspekten, die sich auf das Human Resource Management beziehen.

Die konkrete **Organisation der Personalabteilung** richtet sich nach der Unternehmensgröße. Mittlere Unternehmen differenzieren sehr häufig zwischen Arbeitern und Angestellten und haben eigenständige Abteilungen für → Personalentwicklung und → Personalcontrolling, die nicht selten in kleineren Unternehmen fehlen.

Die Personalabteilung kann Aufgaben bezogen organisiert sein oder sich an bestimmten Funktionen und Strukturen orientieren, wie sie von einer Matrix- oder Spartenorganisation im Unternehmen vorgegeben werden.

Die Einzelaufgaben in der Personalabteilung werden von **Personalreferenten** wahrgenommen. In großen Unternehmen gibt es weitere Fachgebiete, die von Experten betreut werden. Hierzu gehören spezialisierte Abteilungen für Arbeitssicherheit, für die Prinzipien der Arbeitsgestaltung und -organisation sowie für differenzierte Aufgaben der Personalentwicklung im Bereich der Ausbildung und Fortbildung. Gelegentlich kann auch das Personalwesen nach Sparten organisiert sein oder nach Niederlassungen gegliedert sein, wobei eine zentrale Personalabteilung mit der Koordination von einzelnen Aufgaben betraut ist.

In besonders großen Unternehmen werden andere vielschichtige Modelle neben der Spartenorganisation wie die Matrix- und die Tensororganisation erprobt. So können unterschiedliche Geschäftsbereiche definiert werden, denen jeweils ein eigenständiges Personalwesen zugeordnet ist.

Innovative Organisationskonzepte im Personalwesen

Innovative Organisationskonzepte in großen Unternehmen sind beispielsweise das Servicecenter und das Costcenter.

Beim **Costcenter** werden Kostenbudgets vorgelegt, die über eine interne Gemeinkostenumlage finanziert werden. Darüber hinaus ist es denkbar, die Personalabteilung als **Servicecenter** zu etablieren, das gegenüber anderen Abteilungen spezielle Dienstleistungen erbringt. Um die Effizienz des Personalwesens zu erhöhen, ist es möglich, externe Dienstleistungen zu entwickeln und anzubieten, die auf dem Markt Nachfrage bei anderen Unternehmen finden.

Costcenter	Servicecenter
Profitcenter	Wertschöpfungscenter

Darüber hinaus kann die Personalabteilung in großen Unternehmen als **Profitcenter** organisiert sein. Dann steht der Gesichtspunkt der Ertragsverantwortung im Mittelpunkt, d.h. das Unternehmen betrachtet die Personalabteilung als eine unternehmerische Einheit mit Eigenverantwortung, die sich an den konkreten Bedürfnissen und Erfordernissen des Marktes orientiert und einen Ertrag erwirtschaftet.

Zudem gibt es in Einzelfällen die Etablierung als **Wertschöpfungscenter**, was einer Kombination von Costcenter und Profitcenter entspricht. Die Personalabteilung ist in diesen Fällen sehr nachdrücklich vertriebsorientiert und kann ihre Dienstleistungen eigenständig extern verkaufen. Dabei wird auf die Profitabilität der Services geachtet.

Eine solche Organisationsform des Wertschöpfungscenters ist besonders dann erfolgreich, wenn die → Personalabteilungen professionelle Dienstleistungen für externe Unternehmen offerieren können, die am Markt wettbewerbsfähig sind.

Zwischenstand: Fragen und Antworten

Bist du fit für die Prüfung?

Beantworte die folgenden Fragen und finde heraus, ob du die Inhalte dieser Etappe verinnerlicht hast. Die Antworten stehen online für dich bereit. Folge einfach dem QR-Code am Ende des Fragenkatalogs oder dem Link:

fit-lernhilfen.de/personal/1.htm

Addiere die Fit-Punktzahlen der korrekt beantworteten Fragen, die in der eckigen Klammer angegeben sind, und notiere diese in der Auswertung am Ende des Buches, um deinen Fitness-Stand zu errechnen.

Was sind Beispiele für personalwirtschaftliche Funktionen?

[1 Fit-Punkt]

☐ Personalbeschaffung

☐ Personalmarketing

☐ Individualisierung

Wie kann eine Personalabteilung organisiert sein?

[2 Fit-Punkte]

☐ Spartenorganisation

☐ Nichtregierungsorganisation

☐ Matrixorganisation

☐ Ablauforganisation

☐ Tensororganisation

Welche Ziele strebt die Personalwirtschaft an?

[2 Fit-Punkte]

☐ Kostenreduzierung

☐ mehr Effizienz und Effektivität

☐ höhere Innovationsfähigkeit

☐ Abbau der Personalfluktuation

Was sind moderne Formen der Personalwirtschaft?

[1 Fit-Punkt]

☐ Costcenter

☐ Servicecenter

☐ Lohnbüro

Was beinhaltet das Personalmarketing?

[2 Fit-Punkte]

☐ besserer Verkauf von Gütern

☐ optimale Positionierung auf dem Arbeitsmarkt

☐ Verbesserung der Attraktivität als Arbeitgeber

Wie erfolgt die unternehmensinterne Verrechnung von Dienstleistungen der Personalabteilung?

[1 Fit-Punkt]

☐ gar nicht

☐ über externe Dienstleister

☐ über die Matrixorganisation

☐ über die Gemeinkostenumlage

Dein Punktestand Etappe 1
[_____ Fit-Punkte]

Etappe 2:
Die Belegschaft

● Startschuss:
Schlagwörter und Prüfungstipps

Was erwartet mich in diesem Kapitel?

In diesem Kapitel werden Begriffe wie → „Belegschaft" und → „Personal" und alle damit zusammenhängenden Themen (Taylorismus, Motivationsmodelle) ausführlicher behandelt.

Welche Schlagwörter lerne ich kennen?

■ Belegschaft ■ Personal ■ Mitarbeiter ■ Treuepflicht ■ Arbeitspflicht ■ Taylorismus ■ Fließbandfertigung ■ Arbeitsorganisation ■ Unternehmenskultur ■ Shareholder Value ■ Stakeholder Value ■ Customer Relationship Management ■ Stakeholder Relationship Management ■ Gleichbehandlung ■ Scientific Management ■ Anspruchsgruppe ■ Anreizsystem ■ Neotaylorismus ■ Human Relations ■ Hawthorne-Effekt ■ XY-Theorie ■ Z-Theorie ■ Humanistische Psychologie ■ Bedürfnispyramide ■ Zweifaktorenmodell ■ Hygienefaktoren ■ Motivatoren ■ Japanischer Managementstil

Wofür benötige ich dieses Wissen?

Diese Grundbegriffe sind wichtig für das Verständnis der Arbeitsorganisation und der Entstehung von modernen und innovativen Managementmodellen. Das Kapitel erläutert auch die Motivationstheorien, die den Managementkonzeptionen zugrunde liegen.

Welchen Prüfungstipp kann ich aus diesem Abschnitt ziehen?

■ In Prüfungen wird häufig verlangt, die einzelnen Formen der Arbeitsorganisation (Taylorismus, Human-Relations-Ansatz, japanischer Managmentstil) im Kontext der historischen und wirtschaftlichen Rahmenbedingungen darzulegen. ■ Du solltest einzelne Motivationsansätze detailliert erläutern und an Beispielen veranschaulichen können. ■ Du solltest analysieren können, welche Gemeinsamkeiten und Unterschiede es zwischen dem Taylorismus und dem Neotaylorismus gibt.

Los geht's!

Definition

Die Belegschaft oder das Personal stellt die Gesamtheit der Mitarbeiter eines Unternehmens dar.

Die Mitarbeiter sind die wertvollste Ressource des Unternehmens, denn nur hoch qualifizierte und motivierte Mitarbeiter machen es möglich, neue Ideen für Produkte und Dienstleistungen zu entwickeln und das Unternehmen am Weltmarkt erfolgreich zu positionieren.

Die eigentliche **Hauptaufgabe der → Personalwirtschaft** besteht darin, diese Ressource sinnvoll einzusetzen, für Effizienz und Effektivität zu sorgen und sie gezielt und entsprechend den zukünftigen Anforderungen weiterzuentwickeln. Im Mittelpunkt stehen diese Aktivitäten, aber auch die Individualität der Mitarbeiter, die deren Leistungsfähigkeit determiniert.

Generell kann festgehalten werden: Einen Arbeitnehmerstatus hat, wer für einen Arbeitgeber gegen Entgelt Arbeitsleistungen erbringt.

Rechte des Arbeitnehmers	Pflichten des Arbeitnehmers
Entlohnung	Arbeitspflicht
Beschäftigung	Haftung für Schäden
Urlaub	Treuepflicht
Arbeitszeugnis	
Gleichbehandlung	
Fürsorge	

Wichtige Aspekte in der betrieblichen Praxis sind die Beeinflussbarkeit der Mitarbeiter und deren Motivation. Die Arbeitsorganisation hat sich im 20. und 21. Jahrhundert immer weiter entwickelt, und deren Konzeptionen reichen von den Anfängen des Taylorismus zu Beginn des 20. Jahrhunderts, wie sie bei Ford in der Fließbandfertigung angewendet wurden, bis hin zu modernen und dynamischen Formen der Arbeitsorganisation in unserer Zeit, wie sie in virtuellen Unternehmen und Telearbeitsplätzen zum Ausdruck kommen.

Das Personalwesen als Einheit des Unternehmens hat innerhalb der betrieblichen Organisation eine **primäre Funktion**, die darin besteht, Personal zu beschaffen, bereitzustellen und zu organisieren. Moderne → Personalabteilungen berücksichtigen neben der Effizienz und Effektivität des Personaleinsatzes auch die immer wichtiger werdenden Aspekte der Wertschöpfung und des Qualitätsmanagements.

Darüber hinaus spielen die Faktoren Unternehmenskultur, Shareholder Value und Stakeholder Value eine nicht zu vernachlässigende Rolle. Während der **Shareholder Value** den Blickwinkel des Aktionärs oder Anteilseigners in den Vordergrund rückt, akzentuiert der Stakeholder Value die maßgebliche Rolle der Mitarbeiter und Kunden für den langfristigen Erfolg eines Unternehmens.

> Beim **Stakeholder-Value-Ansatz** wird differenziert zwischen internen und externen Stakeholdern. Es handelt sich um Anspruchsgruppen, die ein Interesse am Erfolg des Unternehmens haben.

Interne Stakeholder eines Unternehmens sind die Mitarbeiter, Führungskräfte sowie die Eigentümer und Anteilseigner. Zu den externen Stakeholdern werden Kunden, Gläubiger, Lieferanten, der Staat und die Gesellschaft als Umfeld gerechnet.

In Analogie zu dem aus dem Marketing stammenden Ansatz des Customer-Relationship-Managements (einer spezifischen Kundenbetreuung, die unter dem Kürzel CRM bekannt ist) wurde das Modell des **Stakeholder-Relationship-Managements** entwickelt. Bei diesem Ansatz kommt es darauf an, die Bedeutung und den Stellenwert einzelner Stakeholder-Gruppen zu erkennen und diese in die Entscheidungsfindung und das Management mit einzubeziehen.

Dabei werden mehrere Kategorien von Stakeholder-Gruppen gebildet, die nach ihrem Einfluss und dem Wirkungsgrad untergliedert werden.

Stakeholder-Gruppe	Einfluss	Wirkung
primäre	hoch	gering
sekundäre	gering	gering
Key-Stakeholder	gering bis hoch	hoch

Der Taylorismus

Es gibt sehr unterschiedliche wirtschaftliche Ansätze, die sich im Verlauf der Geschichte der Personalwirtschaftslehre entwickelt haben.

> Den Auftakt bildete zu Beginn des 20. Jahrhunderts der Scientific-Management-Ansatz, der 1911 von dem Ingenieur Frederic Taylor in den USA entworfen wurde.

Er bezeichnete dieses Konzept als wissenschaftliche Betriebsführung. Dieser Ansatz wurde zuerst von **Ford** übernommen und ermöglichte eine Zerlegung und Untergliederung von Arbeitsprozessen mit genauen Vorgaben für die Mitarbeiter, um deren Effizienz in einer arbeitsteiligen Fließbandfertigung merklich zu erhöhen. Bei Ford wurde Taylors Konzept für die Massenproduktion in der Automobilindustrie genutzt. Ford erhöhte die Arbeitslöhne deutlich, so dass Arbeiter am Tag fünf Dollar erhielten. Drei Monatslöhne reichten bereits aus, um sich einen Ford kaufen zu können.

Die ersten Ideen für die **Arbeitsteilung** und die Zerlegung der Arbeitsabläufe in einzelne Handgriffe hatte bereits Adam Smith, die er in seinem Beispiel für eine Fabrik zur Herstellung von Nähnadeln im 18. Jahrhundert formuliert. Frühe Formen einer solchen Arbeitsteilung wurden bereits bei den Römern, im Verlagswesen der Textilherstellung der frühen Neuzeit und in den Manufakturen angewandt.

Taylor hat auch Zeitstudien angefertigt und mit Hilfe von Stopp-
uhren die Dauer von Abläufen und Arbeitsprozessen gemessen, um
die Organisation der einzelnen Arbeitsschritte weiter zu perfektio-
nieren und in ein System der Arbeitsvorbereitung einzubetten. Die
bisherigen Aufseher befürchteten indes, ihre Machtstellung zu
verlieren. Daher kam es zu Beschwerden, die in eine Anhörung vor
dem US-Kongress mündeten. In den USA wurden schließlich das
Prämiensystem und Zeitstudien mit einer Stoppuhr verboten und
erst wieder 1948 zugelassen.

Später haben sich als Alternative die Systeme vorbestimmter Zeiten
entwickelt. Hierzu gehört das Methods Time Measurement (MTM)
und das Work-Factor-Verfahren (WF).

Im Mittelpunkt der wissenschaftlichen Betriebsführung des →
Taylorismus stehen Leistung und Effizienzdenken, Streben nach
Produktivität, eine effiziente Arbeitsteilung, eine Optimierung der
Arbeitsumgebung und sinnvolle, differenzierte Anreizsysteme, die
die Motivation der Mitarbeiter deutlich erhöhen und fördern sollen.
Taylor erweiterte sein Konzept um eine Qualitätskontrolle. Die
umfassende Gliederung der einzelnen Abläufe und Arbeitsprozesse
führte schon früh nach der Einführung des Taylorismus zu einer
ausgeprägten Kritik an diesem Konzept.

Es wurde behauptet, dass diese bis ins Detail reichende Zerlegung
und Aufteilung von Arbeitsprozessen, die permanente **Wiederho-
lung von Arbeitsschritten** und die kleinteilige Arbeitsorganisation
zu einer Verringerung der Motivation führe und die Arbeitsproduktivität aufgrund der Monotonie der Abläufe erheblich verringere.

Die tayloristische Arbeitsorganisation wurde von flexibleren Pro-
duktionsformen abgelöst, die stärker den einzelnen Mitarbeiter in
den Mittelpunkt rückten. Dennoch beobachten Wissenschaftler
auch heute wieder in einzelnen Bereichen wie bei Callcentern und
in Pflegeheimen die Tendenz, die Arbeitsabläufe vollständig durch-
zustrukturieren und Handlungsspielräume drastisch zu verringern.
Diese Erscheinung wird auch als **Neotaylorismus** bezeichnet.

Die Human-Relations-Bewegung

> Aus der Kritik am mechanistischen Weltbild des Taylorismus resultierte die → Human-Relations-Bewegung von Elton Mayo in den dreißiger Jahren.

In Chicago wurde zwischen 1924 und 1932 in den Werkshallen der **Western Electric Company** ein Lichtexperiment durchgeführt. Die in Auftrag gegebene Studie sollte belegen, dass eine bessere Beleuchtung die Produktivität bei der Montage steigere.

Doch dies stellte sich als unzutreffend heraus. Es wurde vielmehr herausgefunden, dass die Aufmerksamkeit, die die Wissenschaftler der Belegschaft zuteil werden ließen, ursächlich für die höhere Motivation bei der Arbeit war.

Danach schlugen die Forscher der Unternehmensleitung vor, für die Arbeiterinnen in der Fabrik einen getrennten Raum einzurichten und einen neuen → Führungsstil zu etablieren, der non-direktiv war und verständnisvollen Umgang pflegte. Außerdem wurden die Löhne erhöht und eine flexibleres Arbeitszeitmodell eingeführt. Der Forscher **Elton Mayo** war für die intensiven Schulungen verantwortlich, die die Vorgesetzten mit dem neuen Führungskonzept vertraut machen sollten. Diese vielfältigen Veränderungen im Unternehmen erhöhten die Produktivität um mehr als 30 Prozent. Dieses Phänomen, dass soziale Aufmerksamkeit, ein non-direktiver Führungsstil und die informelle Arbeitsgruppe die Leistungsbereitschaft erheblich steigerten, ging als **Hawthorne-Effekt** in die Geschichte ein.

Diese Entdeckung führte dazu, dass dem Betriebsklima und dem Team als dem Umfeld der Arbeit eine wesentlich höhere Bedeutung beigemessen wurde. Daher erhielt dieses Konzept die Bezeichnung Human-Relations-Ansatz, da es die Beziehungen zwischen den Menschen als wichtigen Faktor für die Arbeitsproduktivität und die Arbeitszufriedenheit ansah. Das Fazit dieses Ansatzes besteht darin, dass Verhalten vorrangig von **Normen** geprägt wird, die in der Gruppe entstehen, und dass der Gruppenzusammenhalt eine bedeutende Wirkung entfaltet.

Vor allem **soziale Anerkennung** und die **Würdigung der Leistung** stellen einen hohen Ansporn für die Belegschaft dar. Die Ursache für die merkliche Leistungssteigerung ist in erster Linie die Zufriedenheit die der Einzelne erlebt, wenn er Teil der Gruppe ist und sich in das Team einbringen kann.

Die Erhöhung der Leistung geschieht also nicht über die Verbesserung äußerer Umstände wie der Beleuchtungsstärke, sondern durch soziale Anerkennung und Integration in die Gruppe. Später wurden im Rahmen der Motivationsforschung in der Psychologie weitere Konzeptionen entwickelt, die eine größere Verbreitung fanden.

Die XY-Theorie von McGregor

Hierzu rechnet man die XY-Theorie von McGregor und die sehr bekannte → Bedürfnispyramide der humanistischen Psychologie, die von Maslow stammt.

Douglas McGregor hatte eine Professur für Management an dem renommierten Massachusetts Institute of Technology (MIT). 1960 erschien sein bahnbrechendes Werk „The Human Side of Enterprise", das zehn Prinzipien darstellte, mit deren Hilfe die → Personalführung erheblich verbessert werden konnte.

> **Definition**
> Die XY-Theorie von McGregor orientiert sich an unterschiedlichen Menschenbildern und deren Motivationsgrundlagen. Dabei wird zwischen zwei verschiedenen, konträren Auffassungen unterschieden, die das Weltbild und die Anschauung des Einzelnen prägen.

Die **X-Theorie** beschreibt einen Menschen, der wenig Eigeninitiative zeigt und Anweisungen benötigt. Menschen, die der X-Theorie folgen, verfügen über nur eine geringe Motivation und sind zu unternehmerischem Denken wenig prädestiniert. Sie zeigen vielmehr ein Streben nach Sicherheit und benötigen genaue Vorgaben und Instruktionen, um ihre Aufgaben erledigen zu können. Sie sind wenig ambitioniert und ziehen monotone Routinetätigkeiten neuen

Herausforderungen vor. Erst durch Druck und Vorgaben können diese Mitarbeiter effizient und sinnvoll arbeiten. Der X-Mitarbeiter findet seinen Ausdruck im mechanistischen Weltbild des Taylorismus.

Es ist daher ein Managementsystem erforderlich, das klare Vorgaben und Ziele beinhaltet und diese konsequent in der Organisation umsetzt. Daher benötigt der Mitarbeiter, der eine X-Theorie als Weltsicht hält, einen vorwiegend lenkenden (dirigistischen) Führungsstil, der sich an klaren Vorgaben und Zielsetzungen orientiert.

Ein Mitarbeiter, der eine Weltsicht sich angeeignet hat, die zur **Y-Theorie** tendiert, kann sich selbst motivieren und sich eigene Ziele setzen, die dann mehr oder minder engagiert angestrebt werden.

Das Motivationspotenzial bei einer solchen Person ist erheblich höher, so dass sie ein höheres Maß an Eigenmotivation (intrinsischer Motivation) und Selbstständigkeit an den Tag legt. Im Vordergrund bei der Motivierung stehen hier Anreize und Belohnungen, die das Ausmaß der Motivation deutlich erhöhen können.

Ein Mitarbeiter, der einen solche optimistische Sicht auf die Welt hat und Selbstverwirklichung anstrebt, benötigt einen kooperativen Führungsstil, der ein großes Maß an Autonomie und Eigenständigkeit dem Einzelnen zubilligt. McGregor bevorzugt in seiner wissenschaftlichen Intention eindeutig die Y-Sichtweise, da er der eigenständigen Motivation, der Autonomie und der Selbstentfaltung einen großen Spielraum und eine überragende Bedeutung einräumt. Die Y-Weltsicht entstammt der Human-Relations-Bewegung.

McGregor hat später beide Aspekte zu einer Synthese geführt, die er → **Z-Theorie** nannte. Die strenge dichotome Unterscheidung zwischen X- und Y-Weltsicht lässt sich nur theoretisch aufrechterhalten, da in der Praxis sowohl X- als auch Y-Weltsichten in derselben Person situativ bedingt vorkommen können.

Die Z-Theorie wurde später von William Ouchi ausgearbeitet und nahm Bezug zum so genannten japanischen Managementstil, der die Z-Theorie verkörpert. Charakteristika des japanischen Managementmodells sind beispielsweise eine lebenslange Verbundenheit gegenüber einem Unternehmen, Entscheidungen, die von einem

Kollektiv ausgehen, lebenslange Beschäftigung bei einem Unternehmen und Aufstiegsmöglichkeiten, die langfristig angelegt sind. Die Mitarbeiter sollen in möglichst vielen Abteilungen Berufserfahrungen („**Wandering around**") sammeln und Flexibilität zeigen.

Die Bedürfnispyramide von Maslow

Definition
Die Bedürfnispyramide von Abraham Maslow untergliedert sich in verschiedene Bedürfnisse, Defizite und Wachstumsbedürfnisse. Sie ist stufenartig unterteilt und entspringt der so genannten humanistischen Psychologie, die die Selbstverwirklichung in den Mittelpunkt menschlichen Strebens rückt.

Bei den Bedürfnissen differenziert Maslow zwischen jenen, die unbedingt erfüllt sein müssen, um die Selbstverwirklichung als höchstes Ziel der menschlichen Existenz zu ermöglichen, und jenen die auf einer höheren Ebene angesiedelt sind.

Es gibt folgende Bedürfnisse:

- Einmal die physiologischen Grundbedürfnisse wie beispielsweise Essen und Trinken und

- die Sicherheitsbedürfnisse, die sich beispielsweise auf ein Mindesteinkommen beziehen oder die Sicherheit im Alltag.

- Auf diesen bauen die sozialen Bedürfnisse auf, die die Integration von Menschen in die Gesellschaft beschreiben und das Gefühl der Gruppenzugehörigkeit und die Fähigkeit mit anderen Menschen zu interagieren und sich geborgen zu fühlen mit einschließen.

- Auf der nächst höheren Ebene ist die Wertschätzung angesiedelt; diese umfasst den beruflichen Bereich mit den Aufstiegsmöglichkeiten sowie den sozialen Status innerhalb des Unternehmens.

- Den Gipfel der Bedürfnispyramide bilden die Selbstverwirklichungsbedürfnisse als die Möglichkeit, die eigenen Werte und

Bedürfnisse im Leben zu verwirklichen und das eigene Potenzial in vollem Umfang zur Geltung bringen zu können.

Maslows System beruht darauf, dass zuerst die grundlegenden Bedürfnisse gestillt sein müssen, ehe der Einzelne die Selbstverwirklichung erreichen kann. Wenn grundlegende Bedürfnisse, so genannte Defizitbedürfnisse, nicht erfüllt werden, kann dies zu Krankheiten oder zu Einschränkungen führen, die die angestrebte Selbstverwirklichung des Einzelnen verhindern oder zumindest beeinträchtigen.

> Je höher ein Mensch innerhalb dieser Pyramide aufsteigt, desto eher widmet er sich dem Grundbedürfnis der Selbstverwirklichung. Die Selbstverwirklichung (self-actualization) ist in der humanistischen Psychologie der Anker und der Orientierungspunkt für alle anderen Bedürfnisse.

Maslows Ansatz wird häufig falsch interpretiert. Er behauptet nicht, dass alle Bedürfnisse auf der jeweiligen Stufe vollständig befriedigt sein müssen, damit das nächst höhere Niveau erreicht werden kann. Die Pyramidendarstellung, die sehr weit verbreitet ist, wird Maslows Konzept nicht gerecht, das vorwiegend dynamisch ausgerichtet ist. Maslow selbst bezeichnete seinen Ansatz als „holistisch-dynamisch". Die in der Pyramide getrennt dargestellten Ebenen gehen vielmehr ineinander über und sind eher als ein Kontinuum zu begreifen.

Auf die Wirtschaftswissenschaften wurde das Modell von Chris Argyris angewandt. Er betont, es sei wichtig, in der Arbeitswelt die Ziele des jeweiligen Mitarbeiters zu kennen und auf welcher Bedürfnisstufe er in einer spezifischen Situation handelt. Die Arbeit ist dabei auch immer Teil der Selbstentfaltung.

Das Zweifaktorenmodell

Die **Zweifaktorentheorie** stellt eine Weiterentwicklung der bisherigen Ansätze vor allem des → Human-Relations-Konzepts dar. Bei der Zweifaktorentheorie unterscheidet man Zufriedenheit und Unzufriedenheit als zwei Dimensionen. Im Zusammenhang mit Unternehmen werden dabei Motivations- und Hygienefaktoren unterschieden. Motivierend sind Einflussgrößen wie beispielsweise Anerkennung, Wertschätzung und beruflicher Erfolg, die die Zufriedenheit des Einzelnen steuern.

Das → Zweifaktorenmodell stammt von **Frederick Herzberg**, der zudem **Hygienefaktoren** unterscheidet, die abgetrennt von der Arbeitsaufgabe betrachtet werden. Hierzu zählt man beispielsweise die Beziehungen zu den Kollegen und zu den Vorgesetzten sowie den Führungsstil und das Ausmaß des Entgelts.

Die Dichotomie des Modells äußert sich in der Unterscheidung zweier gegensätzlicher Faktorengruppen, nämlich den Motivationsfaktoren (Motivatoren) und den Hygienefaktoren, die das Umfeld und die Umstände eines Arbeitsplatzes beschreiben wie beispielsweise die Höhe der Vergütung und das Betriebsklima.

Hygienefaktoren bilden gleichsam die Basis für die Motivation des einzelnen Mitarbeiters. Das Vorhandensein von Hygienefaktoren trägt noch nicht zur Zufriedenheit des Beschäftigten bei; wenn aber Hygienefaktoren fehlen, ist Unzufriedenheit vorprogrammiert. Zu den Hygienefaktoren zählen die Vergütung, der angewandte Führungsstil, die Beziehungen zu den Kollegen, das Betriebsklima, das Verhältnis zu den Vorgesetzten und die Sicherheit des Arbeitsplatzes.

Auf diesen Hygienefaktoren baut die **Motivation** auf, die die Zufriedenheit des einzelnen Mitarbeiters steigert. Fehlen grundlegende Hygienefaktoren, so können auch Motivatoren dieses Defizit nicht kompensieren.

Nur Motivatoren können eine Zufriedenheit beim Mitarbeiter herbeiführen. Anerkennung und vielfältige Aufstiegsmöglichkeiten tragen ebenso zur Zufriedenheit bei wie Übertragung von Verantwortung, Delegation von anspruchsvollen Aufgaben und eine grundsätzliche Anerkennung und Wertschätzung der Leistungen.

Zwischenstand:
Fragen und Antworten

Bist du fit für die Prüfung?

Beantworte die folgenden Fragen und finde heraus, ob du die Inhalte dieser Etappe verinnerlicht hast. Die Antworten stehen online für dich bereit. Folge einfach dem QR-Code am Ende des Fragenkatalogs oder dem Link:

fit-lernhilfen.de/personal/2.htm

Addiere die Fit-Punktzahlen der korrekt beantworteten Fragen, die in der eckigen Klammer angegeben sind, und notiere diese in der Auswertung am Ende des Buches, um deinen Fitness-Stand zu errechnen.

Was sind Kennzeichen des Taylorismus?

[1 Fit-Punkt]

☐ dirigistischer Führungsstil

☐ Etablierung der Arbeitsvorbereitung

☐ ausgeprägte Arbeitsteilung

Bei welchem Unternehmen wurde der Taylorismus zuerst praktiziert?

[1 Fit-Punkt]

☐ Toyota

☐ VW

☐ General Electric

☐ Ford

☐ General Motors

**In welchen Unternehmen findet man heute neotayloris-
tische Strukturen vor?**

[2 Fit-Punkte]

☐ Softwareengineering

☐ Chemische Industrie

☐ Callcenter

☐ Pflegeheime

**Was ist das höchste Bedürfnis in der Maslowschen
Bedürfnispyramide?**

[1 Fit-Punkt]

☐ Selbstverwirklichung

☐ Soziale Anerkennung

☐ Sicherheitsbedürfnis

**Welchen Führungsstil bevorzugt jemand mit einer Y-
Weltsicht?**

[2 Fit-Punkte]

☐ den direktiven Führungsstil

☐ den autoritären Führungstil

☐ den non-direktiven Führungsstil

☐ Management by participation

Welchen Aspekt hebt der Hawthorne-Effekt hervor?

[1 Fit-Punkt]

☐ Arbeitssicherheit

☐ soziale Anerkennung

☐ Führungsstil

Bei welcher Stakeholder-Gruppe sind Wirkung und Einfluss am geringsten? [1 Fit-Punkt]

☐ bei primären Stakeholder-Gruppen

☐ bei sekundären Stakeholder-Gruppen

☐ bei Key-Stakeholder-Gruppen

Was sind Beispiele für Hygienefaktoren? [2 Fit-Punkte]

☐ Höhe des Gehalts

☐ Aufstiegschancen

☐ Betriebsklima

Welches Konzept steht in einem gewissen Gegensatz zum Stakeholder-Relationship-Management? [1 Fit-Punkt]

☐ Customer-Relationship-Management

☐ Human-Relations-Ansatz

☐ Shareholder-Value-Ansatz

Welche Elemente des Taylorimus wurden bereits früh Gegenstand der Kritik und führten zu gesetzlichen Verboten in den USA? [2 Fit-Punkte]

☐ Zeitstudien mit der Stoppuhr

☐ Prämiensysteme

☐ autoritärer Führungsstil

☐ Fließbandfertigung

Dein Punktestand Etappe 2
[_____ Fit-Punkte]

Etappe 3:
Die Personalpolitik

☺ Startschuss:
Schlagwörter und Prüfungstipps

Was erwartet mich in diesem Kapitel?

In diesem Kapitel geht es um die Personalpolitik, die von der Unternehmenspolitik und der Corporate Identity abhängt. Die Personalpolitik bestimmt die Leitlinien des Personalwesens in einem Unternehmen.

Welche Schlagwörter lerne ich kennen?

■ Personalpolitik ■ Unternehmenspolitik ■ Corporate Identity ■ Unternehmensphilosophie ■ Leitlinien ■ Reputation ■ Personalmarketing ■ Employer Branding ■ Integration ■ Diversity Management ■ Personalfluktuation ■ Jobmesse ■ Hochschulrecruiting ■ Vergütungspolitik ■ Arbeitszeitpolitik ■ Beschaffungspolitik ■ Sozialpolitik ■ Führungsstil ■ Strategieentwicklung ■ Strategieimplementierung ■ Strategiekontrolle ■ Strategierealisierung

Wofür benötige ich dieses Wissen?

Die Personalpolitik gibt die Ausrichtung und Entwicklungstendenz vor und definiert die Leitlinien für alle personalwirtschaftlichen Funktionen.

Welchen Prüfungstipp kann ich aus diesem Abschnitt ziehen?

■ In Prüfungen wird häufig gefordert, eine Strategieentwicklung für die Personalpolitik an einem konkreten Fallbeispiel zu erläutern. ■ Oft wird auch nach dem Zusammenhang zwischen der Unternehmens- und der Personalpolitik gefragt. ■ Moderne Konzepte wie das Diversity Management sollten an Beispielen veranschaulicht werden. ■ Die Bedeutung des Employer Branding für das Personalmarketing sollte hervorgehoben werden.

Los geht's!

Die Personalpolitik bestimmt, wie die → Personalwirtschaft ausgerichtet ist und welchen grundlegenden Zielen und Aufgaben sie folgt. Bei der Personalpolitik wird zwischen einzelnen Handlungsarten und den Grundsatzentscheidungen differenziert.

Die Personalpolitik ist von der **Unternehmenspolitik** und von der **Corporate Identity** abgeleitet, die alle Werte des Unternehmens maßgeblich prägt. Die Personalpolitik bezieht sich auf die Leistungsfähigkeit der Belegschaft, deren Leistungsbereitschaft und den Möglichkeiten, die sich durch die Gestaltung des Arbeitsplatzes ergeben.

Die **Ziele und Inhalte der Personalpolitik** resultieren aus der Unternehmensphilosophie und den Unternehmensstrategien. Solche Grundsätze können sich beispielsweise auf die Aufstiegsmöglichkeiten beziehen, auf das Prinzip der Mitbestimmung und einzelne Grundsätze der Führung. Ein wichtiges Prinzip ist beispielsweise die Mitarbeiterförderung, die sich in der Ausgestaltung der Personalentwicklung und deren Inhalten manifestiert.

Ein weiterer Grundsatz, der von der **Unternehmensphilosophie** und der Personalpolitik geprägt wird, ist der der Mitarbeiterbeurteilung, die sich an verschiedenen Verfahren und Bewertungssystemen orientiert. Darüber hinaus definiert die Personalpolitik noch übergreifende Grundsätze, die beispielsweise die Zusammenarbeit betreffen oder die Behandlung von einzelnen Themen im betrieblichen Alltag. Dies tangiert Aspekte wie die Frauenförderung und die Integration von Behinderten. Solche Themen werden unter dem Begriff Diversity Management erfasst.

Die Personalpolitik ist eingebunden in die umfassendere Unternehmenspolitik, die sich an der Unternehmensphilosophie orientiert. Darüber hinaus beeinflussen auch die Tradition des Unternehmens, organisatorische Leitlinien und Vorschriften die Personalpolitik.

Die **Ziele der Personalwirtschaftsorganisation** sind unterschiedlich.

- ▪ Im Vordergrund steht die Mitarbeiterzufriedenheit, die auf eine höhere Arbeitsproduktivität ausgerichtet sein sollte,

- ▪ eine Senkung der → Personalkosten,

■ eine bessere → Personalbeschaffung, die ein komplexes Personalmarketing erfordert, und

■ eine bessere Gesamtleistung, die auf eine Reduzierung von Fehlzeiten und Personalfluktuation ausgerichtet ist.

Personalmarketing ist eine ressortübergreifende Denkweise, die darauf ausgerichtet ist, das Unternehmen optimal auf den Beschaffungsmärkten für Personal zu platzieren. Diese Optimierung hängt von einer Vielzahl von Faktoren wie der Reputation des Unternehmens, der Attraktivität und Bekanntheit, den Aufstiegsmöglichkeiten, der Branchenzugehörigkeit und den wirtschaftlichen Perspektiven ab.

Bei diesem Ansatz wird zwischen einem internen und einem externen Personalmarketing unterschieden.

■ Das **interne Marketing** stützt sich auf Maßnahmen wie eine aktive Karriereförderung, ein wettbewerbsfähiges Vergütungssystem, Erfolgsbeteiligungen und umfassende Sozialleistungen. Entscheidend ist auch das Ansehen (Employer Branding) des Unternehmens als Arbeitgeber.

■ Beim **externen Personalmarketing** nimmt die Personalabteilung aktiven Einfluss auf die Positionierung im Arbeitsmarkt. Gängige Maßnahmen sind die Teilnahme an Jobmessen, ein differenziertes Hochschulrecruiting, Praktika für Absolventen, finanzielle Förderung von Abschlussarbeiten, Kooperationen im Forschungssektor sowie Bewerbertage und eine auf das Personalmarketing fokussierte Öffentlichkeitsarbeit.

Weitere Ziele sind die langfristige Sicherung der Arbeitsplätze und die Einführung einer sinnvollen und effizienten Führungskultur, die die Implementierung von modernen und adäquaten → Führungsstilen ermöglicht.

Die Personalpolitik fächert sich in Teilbereiche wie Arbeitszeitpolitik, Vergütungspolitik, Beschaffungspolitik, Sozialpolitik und andere Aspekte auf.

In einem **Phasenmodell** können verschiedene Verfahrensabschnitte in der Personalpolitik unterschieden werden.

Bei der (1) **strategischen Zielplanung** kommt es darauf an, die grundlegenden Ziele der Personalpolitik zu konkretisieren und explizit festzuhalten. Diese Ziele werden von den bereits definierten Zielen der Unternehmenspolitik abgeleitet. Nachdem die strategische Zielformulierung abgeschlossen ist, erfolgt die strategische Analyse, die die langfristige Entwicklung der Personalpolitik skizziert.

Planung der Ziele der Personalpolitik	
(1) Strategische Analyse der Ziele	
(2) Strategieentwicklung einzelne Bereiche	
Vergütung	Personalbeschaffung
Personaleinsatz	Personalentwicklung
Nachwuchskräfte	Führungskräfte
(3) Strategieimplementierung	
(4) Strategiekontrolle	

Daran schließt sich die (2) **Strategieentwicklung** an, die auf einzelne Felder der Personalpolitik (Vergütung, Beschaffung, Sozialwesen, Nachwuchsförderung, Führungskräfteentwicklung u.a.) heruntergebrochen und detailliert ausgearbeitet wird. Schließlich beginnt die (3) **Strategieimplementierung**, d.h. die Umsetzung in der betrieblichen Praxis. Den Abschluss dieses Zyklus bildet die Kontrolle der (4) **Strategierealisierung**.

⚇ Zwischenstand:
Fragen und Antworten

Bist du fit für die Prüfung?

Beantworte die folgenden Fragen und finde heraus, ob du die Inhalte dieser Etappe verinnerlicht hast. Die Antworten stehen online für dich bereit. Folge einfach dem QR-Code am Ende des Fragenkatalogs oder dem Link:

fit-lernhilfen.de/personal/3.htm

Addiere die Fit-Punktzahlen der korrekt beantworteten Fragen, die in der eckigen Klammer angegeben sind, und notiere diese in der Auswertung am Ende des Buches, um deinen Fitness-Stand zu errechnen.

Wovon leitet sich die Personalpolitik ab?

[1 Fit-Punkt]

☐ Unternehmensphilosophie

☐ Unternehmenspolitik

☐ Corporate Identity

Was versteht man unter Employer Branding?

[2 Fit-Punkte]

☐ das Reputationsmanagement

☐ ein Aspekt des Personalmarketing

☐ die Markenstärke als Arbeitgeber

☐ eine Form der Arbeitsorganisation

Was bedeutet Diversity Management?

[2 Fit-Punkte]

☐ Förderung von Vielfalt im Unternehmen

☐ Gleichbehandlung

☐ Integration von Behinderten

Was bedeutet Strategieimplementierung?

[1 Fit-Punkt]

☐ Differenzierung der Strategie

☐ Neuformulierung der Strategie

☐ Umsetzung der Strategie

Was gehört zum externen Personalmarketing?

[2 Fit-Punkte]

☐ Jobmessen

☐ Unternehmensbeteiligungsmodelle

☐ Bewerbertag

☐ Praktika für Studierende

☐ Diversity Management

☐ Hochschulrecruiting

Dein Punktestand Etappe 3

[_____ Fit-Punkte]

Etappe 4:
Die Personalplanung

☕ Startschuss:
Schlagwörter und Prüfungstipps

Was erwartet mich in diesem Kapitel?

In diesem Kapitel befassen wir uns ausführlicher mit der Personalplanung. Die Personalplanung ist eine wichtige Voraussetzung für ein einwandfrei funktionierendes Personalmanagement.

Welche Schlagwörter lerne ich kennen?

■ Personalplanung ■ Personalbestand ■ Zeithorizont ■ Betriebsverfassungsgesetz ■ Informationsrecht ■ Personalbestandsplanung ■ Karriereplanung ■ Personaleinsatzplanung ■ Besetzungsplanung ■ Personalentwicklungsplanung ■ Personalkostenplanung ■ Personalfreistellungsplanung ■ Laufbahnplanung ■ Förderplanung ■ Stellenbesetzungsplan

Wofür benötige ich dieses Wissen?

Die Personalplanung ist der Ausgangspunkt für alle Aktivitäten in der Personalabteilung. Erst durch eine detaillierte Planung werden alle personalwirtschaftlichen Maßnahmen und Prozesse aufeinander abgestimmt.

Welchen Prüfungstipp kann ich aus diesem Abschnitt ziehen?

■ Du solltest alle Teilbereiche der Personalplanung kennen. ■ Du solltest die Ziele der Personalplanung in den einzelnen Bereichen erläutern können. ■ In der Prüfung ist es wichtig, die einzelnen Zeithorizonte (kurz-, mittel- und langfristig) an einem konkreten Beispiel zu veranschaulichen.

Los geht's!

Definition
Die Personalplanung ist eine umfassende Konzeption zur Steuerung des Personalbestandes. Die Personalplanung bezieht sich auf einzelne personalwirtschaftliche Funktionen, zu denen die Personalbeschaffung, der Personaleinsatz und die Personalfreistellung gehören.

Bei der Personalplanung unterscheidet man je nach Zeithorizont eine **kurzfristige**, eine **mittelfristige** und eine **langfristige Personalplanung**. Die übergreifende Aufgabe der Personalplanung ist die Sicherung der vorhandenen Arbeitskräfte und der effiziente Personaleinsatz.

Die **Ziele** des Unternehmens im personalwirtschaftlichen Bereich bestehen in

- einer Personalkostensenkung,
- einer Verbesserung der Effizienz beim Einsatz des Personals,
- einer Ausweitung des Marktanteils und
- einer Verbesserung des Personalmarketings.

Darüber hinaus impliziert die Personalplanung auch eine Steigerung der Arbeitsleistung und eine Verbesserung der Rentabilität des Unternehmens.

Aus **mitarbeiterbezogener Sicht** hat die Personalplanung zum Ziel,

- die Arbeitsbedingungen erheblich zu verbessern,
- Handlungsspielräume zu erweitern und Befugnisse zu vergrößern,
- die Arbeitsinhalte zu verbessern und anzureichern,
- die Arbeitszeiten zu optimieren und
- den Erhalt der Arbeitsplätze zu sichern.

Bei der Personalplanung muss beachtet werden dass das Betriebsverfassungsgesetz einen bestimmten rechtlichen Rahmen vorgibt, der eingehalten werden muss.

So räumt das **Betriebsverfassungsgesetz** dem Betriebsrat verschiedene Rechte ein, die bei der Personalplanung unbedingt berücksichtigt werden müssen. Zu diesen Rechten gehören beispielsweise ein Informationsrecht, das beim künftigen Personalbedarf und bei der entsprechenden Planung berücksichtigt werden muss.

Personalplanung

personenbezogen	unternehmensbezogen
Karriereplanung	Personalbestandsplanung
Laufbahnplanung	Personalbedarfsplanung
individuelle Personalentwick-lungsplanung	Personaleinsatzplanung
Einsatzplanung	Personalentwicklungsplanung
Besetzungsplanung	Personalkostenplanung
Förderplanung	Personalfreistellungsplanung

Daher müssen **Stellenbesetzungspläne** zwingend dem Betriebsrat rechtzeitig vorgelegt werden. Darüber hinaus hat der Betriebsrat auch ein Beratungsrecht, wenn zusätzliche Maßnahmen eingeleitet werden, die die Personalplanung betreffen. Des weiteren gibt es ein Vorschlagsrecht, das bei der Durchführung einer Personalplanung zur Geltung kommt.

Hinsichtlich der Organisation wird differenziert zwischen einer **dezentralen Personalplanung** und einer **zentralen Personalplanung**, die unmittelbar von der Personalabteilung ausgeht. Bei der zentralen Personalplanung fokussieren sich die gesamten organisatorischen Aufgaben auf eine bestimmte Abteilung. Bei beiden Arten der Personalplanung wird differenziert und systematisiert zwischen einer gegenstandsbezogenen, einer umfangbezogenen, einer fristbezogenen und einer inhaltsbezogenen Personalplanung.

Bei der **gegenstandsbezogenen Personalplanung** geht man von einem Personalbestand aus, der nach verschiedenen quantitativen und qualitativen Kriterien bewertet wird, um eine zuverlässige und zielgenaue Prognose für die Zukunft vornehmen zu können.

Bei der eigentlichen Personalbedarfsplanung werden unterschiedliche Verfahren eingesetzt, die es ermöglichen, den erforderlichen Personalbedarf genauer einzugrenzen. Hierbei spielt als weiterer Aspekt die Personaleinsatzplanung eine primäre und ausschlaggebende Rolle. Bei der Personalbeschaffung muss zusätzlich berücksichtigt werden, ob eine interne oder externe Personalbeschaffung vorgenommen wird.

Ein weiterer wichtiger Gesichtspunkt ist die **Personalfreistellungsplanung**, die sich ebenfalls am zukünftigen Personalbedarf orientiert. Darüber hinaus wird die → Personalentwicklung in die → Personalplanung mit einbezogen, denn es ist unabdingbar, langfristig die Ausbildung, die Fortbildung und die Umschulung der Arbeitnehmer sorgfältig und gewissenhaft zu planen, um eine umfassende Förderung der Beschäftigten zu ermöglichen. Den abschließenden Aspekt in der gesamten Personalplanung bildet selbstverständlich die Personalkostenplanung, die sich an den Vorgaben des Controlling orientiert.

Die Personalplanung, die die Aufgaben der → Personalwirtschaft umfasst und bei der Zieldefinition eine maßgebliche Rolle spielt, kann in mehrere Unterbereiche aufgeschlüsselt werden. Hierzu gehört die Personalbestandsplanung, die die Grundlage für jede Personalplanung bildet. Es wird der aktuelle Personalstand mit dem erforderlichen zukünftigen Personalstand verglichen. Hieraus resultiert eine Personalbedarfsplanung, die verschiedene Methoden einsetzt, um den zukünftigen Bedarf angemessen zu eruieren.

Phasen der Zielentwicklung

Phase 1: Zielsuche

Phase 2: Zielfindung

Phase 3: Zielentscheidung

Phase 4: Zielkonkretisierung und -operationalisierung

Phase 5: Zielimplementierung

Phase 6: Zielkontrolle

Daran schließt sich die **Personaleinsatzplanung** an, die vorgibt, welchen Personalbestand ein Unternehmen für zukünftige Aufgaben benötigt. Die Personalbeschaffungsplanung klärt, welche Maßnahmen erforderlich sind, um das benötigte Personal zu beschaffen.

Sollte ein Unternehmen zu viel → Personal beschäftigt haben, erfolgt eine Freisetzung, die sich auf unterschiedliche sozialverträgliche Maßnahmen stützen kann. Darüber hinaus ist es von großer Bedeutung für die Wettbewerbsfähigkeit des Unternehmens, die Personalentwicklung voranzutreiben und geeignete Maßnahmen zu ergreifen, um die Ausbildung, Fortbildung, Umschulung und Förderung des Personals zu gewährleisten.

Ein wichtiger weiterer Aspekt besteht in der **Personalkostenplanung**, die vor allem in der Kosten- und Leistungsrechnung, also dem internen Rechnungswesen, realisiert wird.

Dabei werden die einzelnen Kosten aufgeschlüsselt in Kostenarten und in einzelne Kostenstellen. Zusätzlich können Kostenträger berücksichtigt werden, die die Personalkosten tragen. Dies sind Produkte oder Dienstleistungen, die das Unternehmen am Markt anbietet. Die Personalplanung ist eingebunden in die langfristige Unternehmensstrategie und die sich daraus ergebende Zielrichtung des Unternehmens.

Zwischenstand: Fragen und Antworten

Bist du fit für die Prüfung?

Beantworte die folgenden Fragen und finde heraus, ob du die Inhalte dieser Etappe verinnerlicht hast. Die Antworten stehen online für dich bereit. Folge einfach dem QR-Code am Ende des Fragenkatalogs oder dem Link:

fit-lernhilfen.de/personal/4.htm

Addiere die Fit-Punktzahlen der korrekt beantworteten Fragen, die in der eckigen Klammer angegeben sind, und notiere diese in der Auswertung am Ende des Buches, um deinen Fitness-Stand zu errechnen.

Welche Zeithorizonte werden bei der Personalplanung unterschieden?

[1 Fit-Punkt]

☐ mittelfristig

☐ kurzfristig

☐ langfristig

Was sind Beispiele für eine unternehmensbezogene Personalplanung?

[2 Fit-Punkte]

☐ Personalbedarfsplanung

☐ Karriereplanung

☐ Laufbahnplanung

☐ Personalentwicklungsplanung

☐ Personaleinsatzplanung

Welche Rechte hat der Betriebsrat bei der Personalplanung?

[2 Fit-Punkte]

☐ Vorschlagsrecht

☐ Informationsrecht

☐ Widerspruchsrecht

Auf welcher gesetzlichen Grundlage beruhen die Rechte des Betriebsrats?

[2 Fit-Punkte]

☐ Bürgerliches Gesetzbuch

☐ Handelsgesetzbuch

☐ Betriebsverfassungsgesetz

Was bedeutet Zieloperationalisierung?

[1 Fit-Punkt]

☐ verschiedene Operationen des Ziels

☐ konkrete Zieldefinition

☐ Auffächerung des Ziels nach messbaren Kriterien

Dein Punktestand Etappe 4

[_____ Fit-Punkte]

Etappe 5:
Personalbeschaffung

⊕ Startschuss:
Schlagwörter und Prüfungstipps

Was erwartet mich in diesem Kapitel?

In diesem Kapitel werden die verschiedenen Beschaffungsmethoden und -wege in der Personalwirtschaft beschrieben.

Welche Schlagwörter lerne ich kennen?

■ Personalbeschaffung ■ Arbeitsvermittlung ■ Stellenausschreibung ■ Personalberatung ■ Arbeitnehmerüberlassung ■ anzeigengestützte Suche ■ Direktansprache ■ Direct Search ■ Executive Search ■ E-cruiting ■ Social Communities ■ Versetzung ■ Umschulung ■ Headhunting ■ Mehrarbeit ■ Personalauswahl ■ Bewerbung ■ Arbeitszeugnis ■ Eignungsdiagnostik ■ Test ■ Interview ■ Assessment center ■ Lebenslauf ■ Psychometrie ■ Postkorbübung ■ Fallstudie ■ Qualifikationsprofil ■ Orakeltechnik ■ CV ■ projektiver Test

Wofür benötige ich dieses Wissen?

Die Personalbeschaffung erfordert eine sorgfältige Planung und ein umfassendes Fachwissen über die Arbeitsmärkte, die Vorgehensweisen und die Rahmenbedingungen. Die sich daran anschließende Personalauswahl ist der Schlüssel für den Erfolg einer Personalabteilung. Moderne Auswahlverfahren erfordern umfangreiche Kenntnisse über Assessmentcenter und Testverfahren.

Welchen Prüfungstipp kann ich aus diesem Abschnitt ziehen?

■ In Prüfungen sollen häufig die verschiedenen Beschaffungswege und deren Vor- und Nachteile geschildert werden. ■ Prüfungsgegenstand sind auch die einzelnen Verfahren der Personalauswahl und wie ein Assessmentcenter aufgebaut ist.

Los geht's!

Definition
Die Personalbeschaffung umfasst die Bereitstellung der erforderlichen Beschäftigten im Unternehmen. Dabei muss sie den Personalbedarf sowohl in qualitativer als auch in quantitativer Hinsicht berücksichtigen und das notwendige Personal am Arbeitsmarkt beschaffen.

Personalbeschaffung

extern	intern
Arbeitsvermittlung	innerbetriebliche Stellenausschreibung
anzeigengestützte Suche (Printmedien)	Versetzung von Mitarbeitern
Internet-Personalbeschaffung (E-Recruiting, Onlinebasierte Jobbörsen, Unternehmenswebsite, Business-Netzwerke, Social Communities)	Personalentwicklung
Arbeitnehmerüberlassung	Nachwuchskräfteentwicklung
Personalberatung	Ausbildung, Umschulung, Personalförderung
Direct Search (Headhunting, Executive Search)	Mehrarbeit

Bei der Rekrutierung des Personals differenziert man zwischen einem offenen und einem latenten **Beschaffungspotenzial**. Der in einem Land verfügbare Arbeitsmarkt ist sehr unterschiedlich strukturiert und bietet dem Unternehmen verschiedene Möglichkeiten, sich geeignete Fachkräfte und Führungskräfte zu besorgen.

Bei der **externen Personalbeschaffung** greift man auf den allgemeinen Arbeitsmarkt zurück. Dabei wird unterschieden zwischen dem Neubedarf, der erst von der Geschäftsführung oder dem Vorstand genehmigt werden muss, und dem Ersatzbedarf, der von der Personalabteilung eigenständig ermittelt und erhoben werden kann, wenngleich die Befugnisse der Personalabteilung unterschiedlich ausgestaltet und definiert sein können.

Darüber hinaus kann ein Überbrückungsbedarf entstehen, wenn Mitarbeiter häufig krank sind oder aufgrund anderer **Fluktuationen** Ersatzpersonal kurzfristig beschafft werden muss. Ein Mehrbedarf kann sich auch durch tarifvertragliche Vorschriften und Änderungen der Arbeitszeiten ergeben. In den meisten Personalabteilungen ist ein gewisses Personalbudget vorgegeben, das von der Personalleitung eingehalten werden muss. Ein Mehrbedarf ist zusätzlich von der Personalleitung und dem Vorstand bzw. der Geschäftsführung zu genehmigen.

Zudem ist die Personalbeschaffung abhängig von der demografischen Entwicklung eines Landes und dem vorhandenen **Arbeitskräftepotenzial**. Die → Personalplanung kann auf einzelne Mitarbeiter ausgerichtet sein und mündet dann in eine Laufbahn- und Karriereplanung sowie eine Nachfolge- und Besetzungsplanung, die den Personaleinsatz langfristig und mittelfristig sicherstellen möchte. Darüber hinaus spielt die kollektive Personalplanung eine entscheidende Rolle, denn sie bezieht sich auf Gruppen und Fachabteilungen. Dabei muss der Personalbestand akribisch geplant werden und der Personalbedarf auch langfristig sichergestellt sein.

Die **interne Personalbeschaffung** erfolgt über innerbetriebliche Beschaffungswege, zu denen die innerbetriebliche Stellenausschreibung, die Beförderung, die Versetzung, die Mehrarbeit und die Personal- sowie Organisationsentwicklung gezählt werden.

Die **externe Personalbeschaffung** fokussiert sich auf externe Beschaffungswege wie beispielsweise

- elektronische Jobbörsen,
- Recruitingmessen,
- Personalvermittler,
- Arbeitsagenturen und
- die anzeigengestützte Suche sowie
- Personalberatungen.

Eine Personalbeschaffung muss systematisch organisiert werden, um Personalkosten langfristig zu senken und den Personalbedarf stets sicherzustellen.

Die **Arbeitsvermittlung** in Deutschland wird durch die Bundesagentur für Arbeit in Nürnberg organisiert, die in zehn Regionaldirektion untergliedert ist. Darüber hinaus stehen etliche private Arbeitsvermittlungen zur Verfügung, die individuell Personal vermitteln können.

Bei den internen Beschaffungswegen erfolgt die Personalrekrutierung innerhalb des Unternehmens, wobei beispielsweise eine innerbetriebliche Stellenausschreibung oder eine Versetzung eines Beschäftigten erfolgen kann. Darüber hinaus können interne Beschaffungswege auch über die Personalentwicklung oder die gezielte Anordnung von Mehrarbeit genutzt werden.

Die Stellenausschreibung

Die innerbetriebliche Stellenausschreibung unterliegt gewissen gesetzlichen Vorgaben, die in §93 des Betriebsverfassungsgesetzes näher definiert sind. Zusätzlich muss auch berücksichtigt werden, ob eine Stelle als Teilzeitarbeitsplatz geeignet ist und ob das Allgemeine Gleichbehandlungsgesetz berücksichtigt wurde.

Wenn eine Stellenausschreibung nicht den gesetzlichen Anforderungen gerecht wird, kann der **Betriebsrat** seine Zustimmung versagen. Eine solche **Ablehnung** ist immer dann möglich, wenn bestimmte, gesetzlich vorgegebene Anforderungen bei der Ausschreibung unbeachtet blieben, die Ausschreibung gegen das Allgemeine Gleichbehandlungsgesetz verstößt oder bei der Auswahl Richtlinien, die im Betriebsverfassungsgesetz verankert sind, außer Acht gelassen wurden.

Die Versetzung

Auch durch eine Versetzung können Fluktuationen ausgeglichen werden und temporäre Probleme bei der Personalbeschaffung kompensiert werden. Jedoch ist die Versetzung nur innerhalb klarer gesetzlicher Grenzen möglich. Ist eine Versetzung von Dauer, muss eine Änderungskündigung oder eine Änderungsvereinbarung erfolgen, um den rechtlichen Status zu klären und Vertragssicherheit zu erlangen. Der Betriebsrat ist bei jeder Versetzung heranzuziehen und hat ein Mitspracherecht.

Personalbeschaffung durch Personalentwicklung

Eine weitere interessante Möglichkeit der Personalbeschaffung besteht in der Personalentwicklung. Durch eine systematische Fortbildung und die Förderung von Nachwuchskräften können Defizite bei der Personalbeschaffung systematisch ausgeglichen werden. Darüber hinaus können kurzfristig Mängel in der Personalbeschaffung durch eine Mehrarbeit, d.h. eine längere Arbeitszeit, kompensiert werden.

Auch in diesem Fall hat der Betriebsrat ein umfassendes Recht auf Mitbestimmung, zudem müssen die vom Arbeitszeitgesetz vorgegebenen Regelungen zwingend eingehalten werden.

> Die **externe Personalbeschaffung** kann auf vielerlei Arten erfolgen. Die gängigsten Verfahren, die in der Praxis zum Zuge kommen, sind die Arbeitsvermittlung, die durch die Arbeitsagentur oder private Arbeitsvermittler ermöglicht wird, eine Beschaffung über die anzeigengestützte Personalsuche oder über bestimmte spezialisierte Internetportale, die Jobs anbieten.

Zudem ist es möglich einen Personalberater heranzuziehen, der eine ganze Palette von Dienstleistungen offeriert. Hierzu gehört die spezifische Führungskräftesuche, aber auch die anzeigengestützte Personalsuche.

Eine weitere Methode, um kurzfristig Personal zu beschaffen, besteht darin, eine Arbeitnehmerüberlassung mit einzubeziehen. Diese **Zeitarbeit** ist gewissen gesetzlichen Rahmenbedingungen unterworfen. In der Praxis wird Personal auch dadurch beschafft, dass Mitarbeiter gebeten werden, Vorschläge zu unterbreiten oder in ihrem Bekannten- und Verwandtenkreis nach geeigneten Personen zu suchen.

Auch der Kontakt mit Bildungseinrichtungen wie Hochschulen oder die Teilnahme an entsprechenden Tagungen und Messen kann dazu beitragen, Personal leichter und zielgerichteter für einzelne Aufgaben zu rekrutieren.

In diesem Zusammenhang gewinnt das Personalmarketing, das sich an den aktuellen Entwicklungen und Tendenzen des Arbeitsmarktes orientiert, immer mehr an Bedeutung. Die Reputation eines Unternehmens und dessen Attraktivität bestimmt die Positionierung auf dem Arbeitsmarkt und beeinflusst die Kosten für die Personalbeschaffung. Unternehmen mit einem hohen Ansehen haben es wesentlich leichter, interessante Bewerber zu finden. Das Marketing muss daher auch darauf ausgerichtet sein, sich optimal auf dem Arbeitsmarkt zu platzieren.

Die anzeigengestützte Stellensuche

Am weitesten verbreitet ist die anzeigengestützte Stellensuche, bei der in geeigneten Zeitungen, Fachzeitschriften oder anderen Medien Stellenanzeigen geschaltet werden.

> Bei der Auswahl der Medien ist es wichtig, die Zielgruppe genau zu erfassen und Streuverluste zu vermeiden. Dabei sollte eine enge Fokussierung erfolgen, die sich an den Kategorien „regionale Tageszeitungen", „überregionale Tageszeitungen" und „Fachzeitschriften" orientiert. Für Führungskräftepositionen sind vor allem renommierte Tageszeitungen wie die „F.A.Z." oder die „Süddeutsche Zeitung" geeignet. Wichtig ist es, die Anzeigenschaltung frühzeitig vorzunehmen, damit eine optimale Platzierung erfolgen kann.

Der sinnvollste Wochentag für das Erscheinen des Stellenangebots ist in der Regel der Samstag, da die meisten Stellensuchenden am Wochenende die Tageszeitung lesen. Bei der Gestaltung der Stellenanzeige sollte stets die **Corporate Identity** und die Unternehmensphilosophie beachtet werden. Ein ansprechendes Logo und ein Bild auf der Stellenanzeige können die Aufmerksamkeit auf sich ziehen.

Stellensuche im Internet

Eine immer größere Bedeutung gewinnt die Stellensuche im Internet, die vor allem durch eine Vielzahl von verschiedenen Jobportalen erfolgt. Solche Jobbörsen ermöglichen es, die Stellensuche anhand vieler Kriterien einzugrenzen und intelligent zu gestalten. Darüber hinaus bieten diese Jobbörsen vielfältige Dienstleistungen an, die zusätzlich genutzt werden können. Heutzutage nimmt auch die Stellenanzeige auf der Unternehmenswebsite eine immer größere Bedeutung ein und hat in ihrem Stellenwert bei großen Unternehmen bereits die Jobportale überholt.

> Dabei sollte beachtet werden, wie die Online-Formulare gestaltet sind. Die Menüführung sollte logisch und benutzerfreundlich sein und nur Daten abfragen, die gesetzlich und nach der laufenden Rechtsprechung erlaubt sind.

Selbstverständlich muss dabei allen Erfordernissen des Datenschutzes Rechnung getragen werden, und auch die **Datensicherheit** muss zu jedem Zeitpunkt uneingeschränkt gewährleistet sein. Datenpannen in diesem Bereich können enorme Folgen haben und das Ansehen des Unternehmens unwiderruflich beschädigen.

Die Arbeitnehmerüberlassung

In Deutschland ist die gewerbsmäßige Arbeitnehmerüberlassung im so genannten Arbeitnehmerüberlassungsgesetz genau geregelt. Der Verleiher schließt mit dem **Leiharbeitnehmer** einen entsprechenden Arbeitsvertrag und ist verantwortlich für die Entrichtung der Steuern und der Sozialabgaben. Der Entleiher macht einen entsprechenden Vertrag mit dem Verleiher und hat ein eingeschränktes Direktionsrecht, d.h. er kann Weisungen am Arbeitsplatz erteilen und hat zusätzlich eine Fürsorgepflicht.

> Unternehmen, die Arbeitnehmerüberlassung betreiben, benötigen eine **Erlaubnis** der jeweiligen Regionaldirektion, die zur **Bundesagentur für Arbeit** gehört. Diese Regionaldirektion

prüft, ob bei dem jeweiligen Unternehmen die Zuverlässigkeit gegeben ist und die Mindestanforderungen an eine entsprechende Betriebsorganisation erfüllt sind.

Die Personalberatungen spielen bei der Rekrutierung von Fachkräften und Führungskräften eine immer größere Rolle. Personalberater haben die anspruchsvolle Aufgabe, die → Personalbeschaffung zu optimieren und zu erleichtern, indem sie über die anzeigengestützte Personalsuche und verschiedene Maßnahmen der Personalbeschaffung, die spezifisch auf das Unternehmen ausgerichtet sind, nach den geeigneten Mitarbeitern und Führungspersonal suchen. Personalberater sollten über eine langjährige Erfahrung und verschiedene Zusatzqualifikationen verfügen. Die Mitgliedschaft in einem Berufsverband kann ein weiteres, aber nicht unbedingt erforderliches Qualitätsmerkmal sein.

Personalberatungen haben die Aufgabe, das Unternehmen bei der Personalbeschaffung zielgerichtet und systematisch zu beraten. Dabei formulieren sie Stellenanforderungen, helfen bei der Anforderungsanalyse und gestalten und formulieren die jeweilige Stellenanzeige.

Daran schließt sich eine akribische und umfassende Prüfung der eingegangenen Bewerbungsunterlagen an, die nach bestimmten definierten Kategorien sortiert werden. Dann werden einzelne Bewerber eingeladen und in einem Vorstellungsgespräch geprüft. Hierbei ist es auch möglich, ein vollständiges Assessmentcenter mit einer Vielzahl von Tests und Interviews zu verwenden, um die geeigneten Kandidaten herauszufiltern.

Danach werden dem Auftraggeber drei Vorschläge unterbreitet. Die Tätigkeit einer Personalberatung erschöpft sich jedoch nicht in dieser Personalauswahl, sondern umfasst unter Umständen eine qualifizierte Beratung bei arbeitsvertraglichen Fragen und bei der Vergütungsfindung.

Personalberatungen erhalten **leistungsabhängige Honorare** für ihre Tätigkeit. Diese orientieren sich in ihrer Höhe an den vorhandenen Kenntnissen, Qualifikationen und der Berufserfahrung, die die Personalberatung aufweist.

Direktansprache (Direct Search)

Die **Direktansprache**, eine spezialisierte Form der Personalberatung, unterstützt das Unternehmen bei der Auswahl und der Suche von hoch qualifiziertem und erfahrenem Führungspersonal oder von Experten. Headhunting, ein Wort, das vorwiegend in der Umgangssprache benützt wird, wird in der Praxis häufig als Direct Search, Executive Search oder Direktansprache bezeichnet.

Die Personalberatung hat sich nach dem Zweiten Weltkrieg vor allem in den USA entwickelt und ist dort sehr schnell zu einer unternehmensnahen Dienstleistung ausgebaut worden. In Deutschland hingegen konnte sich die Personalberatung allgemein und insbesondere das **Headhunting** erst in den siebziger Jahren durchsetzen.

Die Personalberatungsbranche weist aufgrund der hohen Nachfrage nach professionellen Unternehmensdienstleistungen eine starke Expansion auf, wenngleich die Personalrekrutierung mit Hilfe von sozialen Netzwerken in der Zwischenzeit erheblich an Bedeutung gewonnen hat.

Der **Trend** bei den Personalberatungen geht dahin, sich auf branchenspezifische Lösungen zu fokussieren. Dadurch kommt es zu einem Gewinn an Professionalität und Qualifizierung. Bei der herkömmlichen Personalberatung dominiert die anzeigengestützte Personalsuche.

Bei dem Bewerbungsgespräch kommt es darauf an, zu sondieren und herauszufinden, welche Berufserfahrung und welche spezifischen Qualifikationen der Bewerber mitbringt.

Ein weiteres Qualitätsmerkmal der Direct Search besteht darin, dass sie die beigefügten Zeugnisse und Referenzen systematisch und zielgenau überprüfen kann. Darüber hinaus kommen zahlreiche Instrumente zum Einsatz, die es ermöglichen, eine umfassende Kompetenzanalyse anzufertigen und die gesamte Bandbreite der psychologischen Eignungsdiagnostik einzusetzen. Die meisten Personalberatungen werden nach dem Projektfortschritt vergütet, d.h. es erfolgen bestimmte Abschlagszahlungen, die zuvor vereinbart wurden.

Die Direktansprache versucht, **hoch qualifiziertes Fachpersonal** oder **erfahrene Führungskräfte** von anderen Unternehmen abzuwerben. Die Abwerbung ist aber juristisch umstritten und stellt unter gewissen Umständen ein unlauteres Mittel der Personalbeschaffung dar.

Eine Abwerbung kann nur dann akzeptabel sein, wenn der entsprechende Arbeitnehmer eine Tätigkeit erhält, die bessere Chancen, Aufstiegs- und Verdienstmöglichkeiten bietet. Eine Abwerbung kann unter Umständen ein unerlaubtes Mittel darstellen, das möglicherweise Schadensersatzansprüche nach sich zieht oder eine Unterlassungsklage zur Folge haben kann.

Die Auswahl des Bewerbers

Bei der Auswahl des Bewerbers kommen verschiedene Verfahren zur Anwendung. Dies können Vorstellungsgespräche, → Eignungstests und andere Methoden sein wie beispielsweise grafologische Gutachten, die aber aus der Mode gekommen sind und bei Experten als unwissenschaftlich gelten.

> Das häufigste Auswahlverfahren ist **in der Praxis** das Vorstellungsgespräch, das meist vom Personalreferenten und dem Abteilungsleiter geführt wird. Das Vorstellungsgespräch kann sich an einem ausgearbeiteten Leitfaden orientieren, der die wichtigsten Fragen enthält und vorher formuliert wurde. Allerdings sollten die Personalabteilungen darauf achten, dass das Vorstellungsgespräch nicht erstarrt, sondern dass auch Raum für Zusatzfragen gelassen wird.

Bei besonders anspruchsvollen Positionen etwa im Führungskräftebereich wird ein Assessmentcenter hinzugezogen, das aus einer komplexen Abfolge von Eignungstests und verschiedenen Verfahren wie beispielsweise Gruppendiskussionen, Postkorbübungen und Interviews besteht. Darüber hinaus werden die Bewerber ärztlich auf ihre Eignung und auf ihre Tauglichkeit untersucht.

Methoden im Assessmentcenter	
Interviews	Intelligenztest
Gruppendiskussion	Fragebogen
Postkorbübung	Präsentationsübung
Fallstudie Simulation	Interaktionsübung
Psychologische Tests	Essen („Gabeltest")

Die **Vorstellungskosten** bei einem Vorstellungsgespräch werden in der Regel vom Unternehmen erstattet. Hierzu gehören die Fahrtkosten, eventuell Übernachtungskosten und Verpflegungskosten. Der häufigste Fall ist jedoch nur die Erstattung der Fahrtkosten, sofern dies in einem Anschreiben nicht explizit ausgeschlossen wurde.

Das Vorstellungsgespräch selbst dient dazu, sich einen persönlichen Eindruck vom Bewerber zu verschaffen und dessen Eignungspotenzial zu erkunden. Dabei sollen auch die Interessen, die beruflichen Ziele und die Wünsche des Bewerbers mit einbezogen werden.

Inhalte des Vorstellungsgespräches

- Begrüßung und Vorstellung

- Vorstellung (Unternehmen, Abteilung)

- Vorstellung (Bewerber)

- Details (Kompetenzen, Qualifikationen, Erfahrung)

- Fragen des Bewerbers zum Unternehmen

- Organisatorisches (weiteres Prozedere)

Darüber hinaus erhält der Bewerber die Gelegenheit, sich näher über das Unternehmen und den Arbeitsplatz zu informieren. Das Vorstellungsgespräch kann strukturiert erfolgen oder sich an einem mit Stichworten versehenen Leitfaden orientieren.

Bei **strukturierten Vorstellungsgesprächen** hat man den Vorteil, dass der Gesprächsverlauf noch einigermaßen flexibel gestaltet werden kann, dass keine Aspekte und Punkte, die für das Unternehmen von großer Bedeutung sind, vergessen werden und dass zusätzlich eine gewisse Systematik entsteht. Nachteile resultieren aus zu vielen Vorgaben, wodurch der Verlauf der Interaktion in eine bestimmte Richtung gelenkt wird.

Ein noch stärkeres Maß an Strukturierung bietet das **standardisierte Vorstellungsgespräch**, bei dem man diverse, systematisch gegliederte Kategorien einsetzt und schematische Auswertungen vorsieht. Anhand eines standardisierten Verfahrens kann eine sehr gute Vergleichbarkeit erreicht und zugleich eine schnelle Auswertung garantiert werden.

Das standardisierte Verfahren wird jedoch **in der Praxis** nur selten angewandt, da es viel zu starr ist und bei spontanen Fragen keine Flexibilität ermöglicht. Unstrukturierte Vorstellungsgespräche sind am häufigsten anzutreffen, denn sie bieten das höchste Maß an Offenheit. Die Gefahr besteht jedoch darin, dass wichtige Aspekte außer Acht gelassen oder ausgeklammert werden und so das Gespräch in eine falsche Richtung läuft und nur Nebenaspekte tangiert werden.

Jedes **Vorstellungsgespräch** gliedert sich in mehrere **Phasen**.

- Die erste Phase beginnt mit der Begrüßung des Bewerbers und der Vorstellung der Gesprächspartner. Dabei wird meist eine Konversation angestrebt, die einem Smalltalk gleicht. Es wird oft die Frage gestellt, ob der Bewerber das Unternehmen sofort gefunden habe oder wie die Verkehrslage sei. Als erstes erfolgt dann der Dank für die Bewerbung und der Dank für das Erscheinen des Bewerbers.

- In der zweiten Phase wird die persönliche Situation des Bewerbers angerissen, beispielsweise die bisherigen beruflichen Stationen, die erworbenen Qualifikationen und die Berufserfahrungen, über die der Bewerber verfügt. Dabei können Einzelheiten der Biografie wie beispielsweise die Schulausbildung, das Studium und die Fortbildungen angesprochen werden.

- In einer weiteren Phase wird die berufliche Entwicklung näher und detaillierter beleuchtet. Dabei werden Aspekte wie der erlernte Beruf, die ausgeübten beruflichen Tätigkeiten und die erworbenen Berufserfahrungen geschildert. Auch die Pläne des Bewerbers und seine Karriereperspektiven sollten näher erörtert werden.

- In einer weiteren Phase besteht dann die Chance, dass der Bewerber konkrete Fragen zum Unternehmen, zum Arbeitsplatz und zu den sonstigen Rahmenbedingungen stellt. Dies betrifft Fragen der Unternehmensorganisation, Detailfragen zur Abteilung und zu den beruflichen Anforderungen und Projekten.

Sind diese Phasen abgeschlossen, kommt es eventuell in einem zweiten Gespräch zu den **Vertragsverhandlungen**, bei der das bisherige Einkommen genannt und das gewünschte Gehalt konkretisiert werden.

Darüber hinaus können sonstige Unternehmensleistungen wie beispielsweise **Sozialleistungen** in die Diskussion mit einbezogen werden. Den Abschluss des Gesprächs bildet die Zusage, dass baldmöglichst eine Benachrichtigung oder bereits die Zusendung des Arbeitsvertrags erfolgt. Auch das zukünftige Prozedere kann noch einmal genauer resümiert werden.

Arbeitszeugnisse

Vor jeder Einstellung spielen Arbeitszeugnisse eine herausragende Rolle, da sie es der Personalabteilung ermöglichen, die bisherigen Leistungen, Erfahrungen und Kompetenzen des Bewerbers objektiver zu bewerten.

Bei den Arbeitszeugnissen unterscheidet man verschiedene Kategorien: So wird unterteilt in

- Zwischenzeugnisse,

- ein vorläufiges Zeugnis,

- ein einfaches Zeugnis und

- ein qualifiziertes Zeugnis.

In der Praxis kommen vor allem qualifizierte Zeugnisse vor, die nach juristischer Auffassung bereits nach einer einmonatigen Beschäftigungsdauer ausgestellt werden müssen. Die Ausstellung des Arbeitszeugnisse ist eine Holschuld, die der Arbeitnehmer einlösen und die der Arbeitnehmer auf den Weg bringen muss.

Der Arbeitnehmer ist daher gehalten, ein → Arbeitszeugnis anzufordern; wenn er dies unterlässt, muss der Arbeitgeber kein Arbeitszeugnis ausfertigen. Nach der Rechtsprechung gilt, dass Arbeitszeugnisse der **Wahrheit** entsprechen müssen und eine **wohlwollende Sichtweise** einnehmen sollen. Viele Personalabteilungen verwenden Formulierungstechniken, die einen Sachverhalt nicht eindeutig darlegen, aber erfahrenen und sachkundigen Personalexperten andeuten, worum es geht.

Dieses Verfahren nennt man **Orakeltechnik**. Dabei werden standardisierte Formulierungen verwendet, die einen unangenehmen Sachverhalt offen legen können, ohne ihn beim Namen zu nennen.

Orakeltechnik im Arbeitszeugnis	
„hat unseren Erwartungen entsprochen"	schlechte Leistungen (Note 5)
„er war ein Vorbild an Pünktlichkeit"	völliger Versager
„bemühte sich, den Anforderungen gerecht zu werden"	Versager
„im Kollegenkreis galt er als toleranter Mitarbeiter"	sehr große Schwierigkeiten mit den Vorgesetzten
„hat alle Aufgaben ordnungsgemäß erledigt"	Pedant
„sein Verhalten gegenüber Kollegen und Vorgesetzten war stets einwandfrei"	Probleme mit Vorgesetzten (falsche Reihenfolge!)
„durch seine Geselligkeit trug er zur Verbesserung des Betriebsklimas bei"	Alkohol

Arbeitszeugnisse bestehen aus einem festgelegten Schema und standardisierten Formulierungen, von denen man nicht abweichen kann, ohne möglicherweise dem Zeugnis eine missverständliche Tendenz oder eine bedenkliche und nachteilige Richtung zu geben.

Arbeitszeugnis	
Überschrift	Arbeitszeugnis, Zwischenzeugnis, Zeugnis, Dienstzeugnis
Einleitung	Persönliche Daten (Name, Geburtsdatum), Beschäftigungsverhältnis, Position, Tätigkeit, Zeitraum
Aufgabenbeschreibung	Abteilung, Tätigkeit, Befugnisse, Führung, Projekte, Anforderungen
Leistungsbeurteilung	Arbeitsweise, Arbeitsleistung, Führungsverhalten, Weiterbildung
Gesamtnote	„Er hat die ihm übertragenen Aufgaben stets zu unserer vollsten Zufriedenheit erledigt" (Note 1)
Verhaltensbeurteilung	„Sein Verhalten gegenüber Kunden, Vorgesetzten und Mitarbeitern war stets einwandfrei."
Datum, Grund für Beendigung des Arbeitsverhältnisses	„auf eigenen Wunsch", „im beiderseitigen Einvernehmen", „wegen..."
Dankesformel	„Wir bedanken uns für die sehr gute Zusammenarbeit und wünschen ihm für seinen Berufs- und Lebensweg alles Gute."
Datum, Unterschrift	Vorstand, Geschäftsführung, Personalabteilung, Hauptabteilungsleitung (zwei Unterschriften)

An erster Stelle steht der Name des Arbeitnehmers, die Beschäftigungsdauer und die Abteilung. In einem Kurzporträt mit wenigen Zeilen wird das Unternehmen vorgestellt. Darüber hinaus werden die Qualifikationen, die verschiedenen Projekte, die der Arbeitnehmer durchgeführt wird, und die einzelnen Fertigkeiten und Fähigkeiten detailliert aufgelistet und beschrieben.

Darüber hinaus enthält jedes Arbeitszeugnis eine abschließende Gesamtbewertung, eine Verhaltensnote, die das Verhalten des Arbeitnehmers in konkreten Situationen umschreibt, sowie der Grund des Ausscheidens. Die **Gesamtnote** wird mit „stets zu unserer vollsten Zufriedenheit" formuliert, was eine sehr gute Leistung bedeutet. Eine gute Leistung wird mit den Worten „stets zu unserer vollen Zufriedenheit" umschrieben. Einer Drei in der Notenskala entspricht den Worten „zu unserer vollen Zufriedenheit".

Ein Beispiel für eine Orakeltechnik ist die Formulierung „er zeigte für seine Arbeit Verständnis". Sie bedeutet, dass der Arbeitnehmer äußerst träge war und keine angemessenen Leistungen erbracht hat. Eine weitere Formulierung wäre beispielsweise: „Er hat sich im Rahmen seiner Fähigkeiten eingesetzt". Dies bedeutet, er hat zwar getan, was er konnte, aber dies war nicht ausreichend. Auch Begriffe wie „im Großen und Ganzen" oder „er hat sich bemüht" deuten auf mangelhafte oder sehr schlechte Leistungen hin.

Geheimzeichen im Arbeitszeugnis	
vermeintlich versehentlicher kleiner Strich links neben der Unterschrift	Gewerkschaftsmitgliedschaft
winziger i-Punkt am Rand	Betriebsrats- oder Gewerkschaftstätigkeit
kleiner Haken auf der rechten Seite	rechtsgerichtete Person
kleiner Haken auf der linken Seite	linksgerichtete Person

Bewerber sollten darauf achten, dass das Arbeitszeugnis zeitnah ausgestellt wird. Sind in der Zwischenzeit zwei Wochen verstrichen, sollte das Arbeitszeugnis spätestens dann ausgestellt werden. Je weiter das Datum vom eigentlichen Zeitpunkt des Ausscheidens entfernt liegt, desto eher deutet dies darauf hin, dass ein Prozess vor dem **Arbeitsgericht** stattgefunden hat. Im Rahmen der Orakeltechnik wird in diesem Zusammenhang auch die Formulierung

„gerne bescheinigen wir" verwendet. Sie deutet eindeutig auf einen Prozess vor dem Arbeitsgericht hin.

Der Lebenslauf

Der Lebenslauf des Bewerbers (im Englischen als CV oder „Curriculum vitae" bezeichnet) beschreibt dessen berufliche und persönliche Entwicklung. Lebensläufe werden heutzutage vor allem tabellarisch erstellt und folgen dem angelsächsischen Muster, demzufolge die Abfolge rückwärts chronologisch erfolgen sollte und bei der letzten beruflichen Position beginnt.

Daten im Lebenslauf	
Name, Vorname	Berufliche Tätigkeiten
Adresse	Praktika
Geburtsdatum, -ort	Führungserfahrung
Schulische Ausbildung	Sprachkenntnisse, IT
Berufsausbildung, Studium	Zusatzqualifikationen

Eine konkrete Auswertung eines Lebenslaufs erstreckt sich auf eine Beurteilung der verschiedenen Arbeitsplätze und den damit verbundenen Qualifikationen sowie eine Positionsanalyse, die aufzeigt, wie oft ein Bewerber seinen Arbeitsplatz gewechselt hat und in welchen Branchen er bisher tätig war.

Zusätzlich kommt bei der Bewerbung häufig ein **Personalfragebogen** zum Einsatz, der systematischer und exakter die einzelnen biografischen und beruflichen Details des Bewerbers erfasst. In der Regel werden die Bewerbungsunterlagen später ergänzt, wenn der Bewerber sich im Unternehmen befindet. Dann händigt man ihm den Personalfragebogen aus, damit er ihn ausfüllen kann.

Bei der **Gestaltung des Personalfragebogens** sollten die Personalabteilungen besondere Sorgfalt walten lassen. Denn nach der Verabschiedung des Allgemeinen Gleichbehandlungsgesetzes werden hohe Anforderungen an die einzelnen Formulierungen im Fragebogen gestellt. Abgelehnte Bewerber können im Nachhinein vor Gericht klagen, wenn sie sich benachteiligt fühlen.

Der Personalfragebogen, der bestimmte unerlaubte Fragen enthält, kann bereits ein Indiz für eine **Diskriminierung** im Unternehmen sein. Daher sollte der Personalfragebogen so sorgfältig wie möglich und rechtssicher formuliert sein. Bestimmte Fragen sind im Vorstellungsgespräch völlig unzulässig und können unter Umständen Schadensersatzansprüche auslösen. Hierzu gehören Detailfragen zu den persönlichen Verhältnissen des Bewerbers, zum beruflichen Werdegang, zum Gesundheitszustand und anderen Aspekten. Arbeitsrechtlich unzulässig sind beispielsweise auch die Fragen nach der Schwangerschaft; dies hatte bereits der Europäische Gerichtshof und das Bundesverfassungsgericht ausgeschlossen. Ebenso problematisch sind Fragen zu den Vermögensverhältnissen, zur Parteipolitik, zur Religion des Bewerbers und zur gewerkschaftlichen Tätigkeit.

Werden solche Fragen gestellt, kann es zu Schadenersatzansprüchen und einer Klage wegen Diskriminierung kommen. Nur in Einzelfällen sind diese Fragen mit einer **Offenbarungspflicht** verbunden. So muss beispielsweise eine schwangere Bewerberin angeben, wenn ihr Kind durch den Arbeitsplatz geschädigt werden könnte. Dies ist beispielsweise in manchen Bereichen der chemischen Industrie oder in einer radiologischen Arztpraxis möglich. Auch die Frage zu den Vermögensverhältnissen ist nur dann statthaft, wenn die Position ein besonderes Vertrauensverhältnis vorsieht. Dies ist bei allen Berufen im Bankwesen und im Bereich der Buchhaltung denkbar.

Bei der **Schwerbehinderung** gab es in den vergangenen Jahren zahlreiche Änderungen durch die Rechtsprechung. Bislang war es so, dass der Bewerber seine Schwerbehinderung nicht offen legen musste, da dies ein Einstellungshindernis sein könnte.

Inzwischen hat sich die **Rechtsprechung** wieder geändert: Es wird nun erwartet, dass der Bewerber seine Schwerbehinderung offen legt, damit der Arbeitgeber die Vorteile, die der Gesetzgeber vorsieht, nutzen kann. Hierdurch kommt es beispielsweise zu Einsparungen, wenn der Arbeitgeber die Schwerbehindertenabgabe nicht entrichten muss. Es ist daher im Interesse des Arbeitgebers, dass der Schwerbehinderte seine Schwerbehinderung als Eigenschaft offenbart. Bei all diesen Aspekten muss auch stets beachtet werden, dass die Diskriminierung aufgrund einer Behinderung einen Schadensersatzanspruch aufgrund des Allgemeinen Gleichbehandlungsgesetzes nach sich zieht.

Des Weiteren besteht eine Offenbarungspflicht bei einigen **Krankheiten**, die sich auf den Arbeitsplatz auswirken können. Dies betrifft beispielsweise Infektionskrankheiten, wenn jemand im Lebensmittelbereich in einem Supermarkt arbeitet.

Zudem gibt es eine Offenbarungspflicht bei einem **Wettbewerbsverbot**. Ein Wettbewerbsverbot wird meist beim Ausscheiden eines Arbeitnehmers gültig. Das Verbot muss zuvor im Arbeitsvertrag vereinbart werden. Bei einem Wettbewerbsverbot ist ein finanzieller Ausgleich gesetzlich vorgeschrieben, um die Nachteile, die der Arbeitnehmer erleidet, zu kompensieren. Das Wettbewerbsverbot muss in einem Einstellungsgespräch offenbart werden, da es einen Einstellungshinderungsgrund darstellt. Wenn der Bewerber die Offenbarungspflicht nicht beachtet und falsche Auskünfte erteilt, kann der Vertrag wegen arglistiger Täuschung angefochten werden. Er kommt juristisch betrachtet daher gar nicht zustande. Bei der Gestaltung des Personalfragebogens besteht nach § 94 Abs. 1 des Betriebsverfassungsgesetzes ein Mitbestimmungsrecht des Betriebsrats, der den Inhalten zustimmen muss. Verweigert er die Zustimmung, ist der Fragebogen unzulässig.

Der Ablehnungsbescheid

Wurde ein Bewerber abgelehnt und nicht in die nähere Auswahl mit einbezogen, erhält er die Bewerbungsunterlagen per Post zurück und bekommt ein Ablehnungsschreiben.

Bei diesen Bescheid sollte man sehr sorgfältig wieder auf die Formulierungen achten. Unachtsame Worte können dazu führen, dass es zu einem Prozess wegen Diskriminierung kommt.

Alle **Formulierungen**, die eine Andeutung auf Benachteiligungen enthalten könnten, sind sorgfältig zu vermeiden.

Auch muss das Unternehmen sicher stellen, dass die Auswahl objektiv erfolgt ist. Stellt sich im Nachhinein heraus, dass das Unternehmen keine Schwerbehinderten beschäftigt oder kaum Mitarbeiter mit Migrationshintergrund hat, reicht dies als Indiz für eine Diskriminierung aus.

Eignungstests

Es gibt verschiedene Eignungstests, die die Persönlichkeitsmerkmale, das Verhalten und die Kompetenzen des Bewerbers näher erfassen sollen.

Zu diesen Tests gehören:

- **Persönlichkeitstests**, die insbesondere die Charaktermerkmale des Bewerbers näher analysieren,

- **Fähigkeitstests**, die den Schwerpunkt auf einzelne Fähigkeiten und Kompetenzen setzen, und

- das umfassende → **Assessmentcenter**, das bei der Einstellung von Nachwuchsführungskräften, aber auch in der Führungskräfteentwicklung zum Einsatz kommt.

Für den Einsatz von Eignungstests gelten bestimmte **rechtliche Einschränkungen**:

- So muss beispielsweise der Bewerber über den Test unterrichtet werden.

- Es ist nicht zulässig, geheime Tests durchzuführen, etwa indem ein Bewerber im Warteraum gefilmt wird, um seine Körpersprache zu untersuchen.

- Der Bewerber muss mit dem Test einverstanden sein und ausdrücklich eingewilligt haben.

- Der Test darf lediglich Merkmale und Charakteristika erfassen, die sich auf den Arbeitsplatz beziehen und für den jeweiligen Beruf relevant sind.

▪ Die Erhebung privater Merkmale und Verhaltensweisen, die nur außerhalb des beruflichen Umfelds von Bedeutung sind, ist nicht gestattet.

Persönlichkeitstests

Persönlichkeitstests sollen Aufschluss über die einzelnen Persönlichkeitsmerkmale und den Charakter des Bewerbers geben. Dabei unterscheidet man mehrere Arten von Tests wie beispielsweise Interessentests oder thematische Tests, die die Persönlichkeitsstruktur eines Bewerbers genauer beleuchten. Die Verwendung von Persönlichkeitstests ist in der Praxis relativ selten.

Persönlichkeitstests	
psychometrische Tests	**projektive Tests**
Bochumer Inventar	Rorschach-Test
OPQ32	thematischer Auffassungstest

Fähigkeitstests

Fähigkeitstests werden vor allem dann eingesetzt, wenn es darum geht, Kompetenzen, Fertigkeiten und Fähigkeiten des Bewerbers zu erheben. Dabei differenziert man zwischen allgemeinen Fähigkeitstests, die generelle Fähigkeiten und Fertigkeiten umfassen, speziellen Leistungstests, die beispielsweise motorische Fähigkeiten oder Rechtschreibkenntnisse erfassen, und Intelligenztests. Intelligenztests bestehen meist aus mehreren Modulen, die sich auf einzelne **Intelligenzfaktoren** beziehen. Zu diesen Faktoren zählen

▪ das sprachliche Verständnis,

▪ die Assoziationsfähigkeit,

▪ die Rechenfähigkeit,

▪ Gedächtnisleistungen,

▪ die Auffassungsgabe und

▪ das räumliche Denkvermögen.

Darüber hinaus werden **in der Praxis** auch allgemeine Bega-bungstests eingesetzt, die beispielsweise das technische Verständnis erheben oder andere motorische Fähigkeiten zum Gegenstand haben.

Das Assessmentcenter

Das Assessmentcenter ist ein spezielles Verfahren zur Personal-auswahl und zur Personalförderung, das sich verschiedener Methoden bedient. Am Anfang des Assessmentcenters steht die Einweisung des Bewerbers, der ausführlich über die verschiedenen Übungen und Tests, die im Assessmentcenter durchgeführt werden, unterrichtet wird.

Danach durchlaufen die Bewerber die verschiedenen Übungen und Tests und werden währenddessen von Führungskräften des Unternehmens und Spezialisten beobachtet, die sich Notizen auf Auswertungsbogen machen, die nach Kategorien gegliedert sind.

Anschließend erfolgt die Bewertung der einzelnen Leistungen und Beobachtungen. Diese werden im Team begutachtet und analysiert. Den Abschluss des Assessmentcenters bildet ein ausführliches Feedback, das der jeweilige Teilnehmer erhält. In diesem Feedback werden auch die Stärken und Schwächen konkretisiert, die der einzelne Bewerber während des Assessmentcenters zeigte.

Einzelne Übungen, die überdurchschnittlich häufig eingesetzt werden:

- die **Postkorbübung**, bei der die Eingangspost nach bestimmten Prioritätskriterien sortiert werden muss.

- Oft eingesetzt wird auch die **Gruppendiskussion**, bei der zu einem vorgegebenen Thema eine ausführliche Erörterung mit den anderen Teilnehmern erfolgen soll. Dabei wird vor allem das Teamverhalten und das Interaktionsvermögen beobachtet sowie die Fähigkeit des einzelnen Bewerbers, geschickt zu kommunizieren und Argumente sachlich und systematisch vorzutragen.

▪ Häufig verwendet wird ein **Rollenspiel**, bei dem die Interaktionen, die im betrieblichen Alltag vorkommen können, in der Gruppe nachgespielt werden. Dieses Verfahren findet vor allem bei Bewerbern statt, die sich für den Bereich des Kundenservice und für andere Kundendienstleistungen beworben haben.

▪ Häufig anzutreffen ist eine **Präsentationsübung**, bei der ein Fachthema sachgerecht und Zuhörer bezogen dargestellt und referiert werden soll. Bei einer solchen Präsentation geht es darum, die Inhalte aufzuarbeiten, anschaulich darzulegen und zu präsentieren. Eine Präsentation kann auch in englischer Sprache erfolgen, um die Sprachkenntnisse des einzelnen Bewerbers zu testen.

▪ Häufig verwendet wird eine **Gruppenarbeit**, bei der ein spezielles Projekt innerhalb eines vorgegebenen Zeitrahmens ausgearbeitet werden soll. Bei dieser Tätigkeit wird unter anderem getestet, über welches Ausmaß an Team- und Kommunikationsfähigkeit der einzelne Bewerber verfügt.

▪ Sehr weit verbreitet sind **Interviews**, die in der Ausprägung des Einzel- oder Gruppeninterviews erfolgen können. Hierbei wird sondiert, welche Werte, Einstellungen und Motive der einzelne Bewerber hegt. Ergänzt wird das Assessmentcenter durch verschiedene psychologische Tests, die Persönlichkeitsmerkmale erfassen und Kompetenzen analysieren. Auch ein biografischer Fragebogen und andere Erhebungsmethoden sind in einem Assessmentcenter gängig.

In einigen Fällen werden Assessmentcenter im Rahmen der Führungskräfteentwicklung angewandt und dienen dazu, den richtigen Aspiranten mit den geeigneten Eigenschaften zu finden.

Bei der **Entscheidung**, welche Bewerber eingestellt werden sollen, werden die Ergebnisse aus dem Assessmentcenter, aus den Bewerbungsunterlagen und dem Einstellungsgespräch ausgewertet. Diese Resultate werden zum Teil in einer Liste übersichtlich festgehalten und dann systematisch verglichen.

Zu beachten gilt es, dass nach § **99 des Betriebsverfassungsgesetzes** der Betriebsrat bei allen Personaleinstellungen ein

Mitbestimmungsrecht hat. Der Betriebsrat kann eine Einstellung verhindern, wenn bestimmte gesetzlich genannte Aspekte, die in § 99 Abs. 2 des Betriebsverfassungsgesetzes aufgezählt werden, erfüllt sind. Er kann innerhalb einer Woche nach der Information die Einstellung verweigern. Wenn der Betriebsrat sich innerhalb einer Woche jedoch nicht zu Wort meldet und keine Einwände gegen die Einstellung des Bewerbers vorbringt, gilt dies als Zustimmung.

Bei einer Verweigerung der Zustimmung kann der Arbeitgeber ersatzweise über eine Klage beim Arbeitsgericht die Einstellung begehren. Zu beachten ist, dass ein Mitbestimmungsrecht bei leitenden Angestellten nicht angewandt wird; diese sind nach § 105 des Betriebsverfassungsgesetzes von der Mitbestimmung des Betriebsrates ausgenommen.

Die Bewerbung

Ein wichtiger Bestandteil der Stellensuche ist die → Bewerbung. In der Praxis wird zwischen unaufgeforderten Initiativbewerbungen unterschieden, die häufig als Kurzbewerbung im Unternehmen per E-Mail eingehen, und aufgeforderten Bewerbungen, die auf einer Stellenanzeige des Unternehmens beruhen, oder anderen Möglichkeiten.

Bewerbungsunterlagen	
Anschreiben	Qualifikationsprofil
Foto	„Dritte Seite"
Lebenslauf	Anhang (Zeugnisse u.a.)

Die meisten Bewerbungen erfolgen heutzutage trotz der Internetaffinität vieler Kandidaten noch per Post, wenngleich die Bewerbung über das Internet an Popularität und Zuspruch gewinnt.

Bei Internetbewerbungen können sich Interessenten formlos per E-Mail bewerben, wobei heutzutage als Anhang PDF-Dateien bevorzugt werden aufgrund der Gefahren, die von Viren, Würmern und Trojanern ausgehen.

Bewerber sollten tunlichst darauf achten, dass alle Dokumente wie beispielsweise das Anschreiben, das Qualifikationsprofil, die „Dritte Seite", der → Lebenslauf, das Foto und die Anhänge in einer PDF-Datei zusammengefasst werden.

Weitaus gängiger ist in letzter Zeit die **Bewerbung über eine Website** des Unternehmens. Dabei können differenzierte Formulare genutzt werden, die eine Vielzahl von Angaben vorsehen, die der Bewerber einzutragen hat. Auch hierbei sollte der Datenschutz und die rechtliche Zulässigkeit der Angaben stets uneingeschränkt gewährleistet sein.

Für viele Personalabteilungen sind Kurzbewerbungen, die als E-Mail eingehen, meist schwieriger zu handhaben. Daher bevorzugen viele Unternehmen eine Bewerbung über das **Onlineformular** im Internet.

Nach dem Eingang der Bewerbungsunterlagen im Unternehmen sollte eine Eingangsbestätigung erfolgen, die dem Bewerber schriftlich oder per E-Mail zugesandt wird.

> Bei einer ersten Analyse der Unterlagen werden **in der Praxis** die vorhandenen Bewerbungen in ein Grobraster eingeordnet, bei dem die Kategorien A, B und C verwendet werden. In dieser ersten Vorauswahl wird anhand der Kriterien, die sich aus der Arbeitsplatzbeschreibung und den Anforderungen ergeben, ermittelt, welche Bewerbungen in die nähere Auswahl kommen.

Die Personalabteilung sollte mit den Bewerbungsunterlagen stets **sorgfältig** und **vorsichtig** umgehen und sie wie jedes wichtige Dokument akkurat behandeln. Darüber hinaus ist gewissenhaft darauf zu achten, dass keine Notizzettel, die möglicherweise bedenkliche oder abfällige Anmerkungen enthalten, an den Bewerber zurückgesandt werden. Eine solche Unachtsamkeit hat vor Gericht einen Prozess ausgelöst, der sich mit der Frage befasst, ob die Herkunft aus Ostdeutschland im Sinne des Allgemeinen Gleichbehandlungsgesetzes unter die Diskriminierungskategorie „ethnische Herkunft" fällt. Ein Urteil ist in dieser Sache nicht ergangen, da die Prozessparteien sich auf einen Vergleich verständigten. Das Anschreiben des Bewerbers verbleibt im Unternehmen und wird zu Beweis- und Dokumentationszwecken wegen einer möglichen Diskriminierungsklage archiviert.

Bei der Behandlung der Bewerbungsunterlagen sollte immer und ohne Ausnahme der **Datenschutz** eingehalten werden. Die persönlichen Daten der Bewerber dürfen auf keinen Fall in einer anderen Weise verwendet oder gespeichert werden, sofern die Daten nicht für die Bearbeitung der Bewerbung und das folgende Einstellungsgespräch benötigt werden. Angelegenheiten des Datenschutzes sollten angesichts der vielen Skandale in der Vergangenheit äußerst ernst genommen werden. Dies gilt gleichermaßen für die Datensicherheit.

◓ Zwischenstand: Fragen und Antworten

Bist du fit für die Prüfung?

Beantworte die folgenden Fragen und finde heraus, ob du die Inhalte dieser Etappe verinnerlicht hast. Die Antworten stehen online für dich bereit. Folge einfach dem QR-Code am Ende des Fragenkatalogs oder dem Link:

fit-lernhilfen.de/personal/5.htm

Addiere die Fit-Punktzahlen der korrekt beantworteten Fragen, die in der eckigen Klammer angegeben sind, und notiere diese in der Auswertung am Ende des Buches, um deinen Fitness-Stand zu errechnen.

Welche internen Beschaffungswege gibt es?

[1 Fit-Punkt]

☐ interne Stellenausschreibung

☐ Versetzung

☐ Direct Search

Welche Methoden kommen in einem Assessmentcenter zum Einsatz?

[2 Fit-Punkte]

☐ Gruppendiskussion

☐ psychologische Tests

☐ Postkorbübung

☐ grafologische Verfahren

Was trifft auf das Arbeitszeugnis aus Sicht des Arbeitnehmers zu?

[2 Fit-Punkte]

☐ Bringschuld

☐ Holschuld

☐ Schickschuld

Was trifft auf folgende Formulierung zu: „Sein Verhalten gegenüber Mitarbeitern und Vorgesetzten war einwandfrei"?

[2 Fit-Punkte]

☐ einwandfreies Verhalten (Note: 1)

☐ fast einwandfreies Verhalten (Note: 2)

☐ Probleme mit den Mitarbeitern

☐ Probleme mit den Vorgesetzten

☐ einwandfreies Verhalten (Note: 3)

Welche Fragen dürfen in einem Vorstellungsgespräch nicht gestellt werden?

[2 Fit-Punkte]

☐ Fragen zur Gewerkschaftsmitgliedschaft

☐ Fragen zur Schwangerschaft

☐ Fragen zum vorherigen Gehalt

☐ Fragen zur Schwerbehinderung

☐ Fragen zum bisherigen Arbeitsplatz

Wann darf nach der Religion des Bewerbers gefragt werden?

[2 Fit-Punkte]

☐ grundsätzlich nicht

☐ immer

☐ bei kirchlichen Einrichtungen

☐ bei öffentlichen Einrichtungen

Unter welchen Umständen muss der Bewerber eine Krankheit offenbaren?

[1 Fit-Punkt]

☐ immer

☐ wenn sie eine Gefahr am Arbeitsplatz darstellt (Tuberkulose im Supermarkt)

☐ wenn die Arbeitsfähigkeit beeinträchtigt wird

Unter welchen Umständen muss eine Frau ihre Schwangerschaft offenbaren?

[2 Fit-Punkte]

☐ immer

☐ wenn der Arbeitgeber keine Ersatzkraft finden könnte

☐ wenn das Kind gefährdet würde (Arztpraxis eines Radiologen)

Unter welchen Umständen muss eine hohe Verschuldung angegeben werden?

[2 Fit-Punkte]

☐ immer

☐ bei drohender Gehaltspfändung

☐ bei einem Arbeitsplatz mit einer Vertrauensstellung im Bereich Finanzen (Buchhalter)

☐ nie

☐ wenn eine Privatinsolvenz bevorsteht

In einer Stellenausschreibung steht die Formulierung „Wir suchen ein junges Team". Ist dies zulässig?

[1 Fit-Punkt]

☐ ja, natürlich

☐ Vom Personalmarketing nicht sinnvoll: kein konkretes Alter

☐ Verstoß gegen das Allgemeine Gleichbehandlungsgesetz; Schadenersatzforderungen möglich

Was bedeutet die Formulierung „Er war ein Vorbild an Pünktlichkeit"?

[1 Fit-Punkt]

☐ Er war stets sehr pünktlich und kam nie zu spät.

☐ Er machte nie Überstunden und ging immer pünktlich.

☐ Er war ein großes Vorbild und machte nie irgendwelche Fehler bei der Zeiterfassung.

☐ Er war eine völlige Niete.

Auf einem Arbeitszeugnis befindet sich auf der rechten Seite ein winziger Punkt? Was bedeutet dies?

[1 Fit-Punkt]

☐ Tonerpunkt vom Kopieren

☐ Umweltschutzpapier

☐ Der Füller hat beim Unterschreiben einen Klecks hinter lassen.

☐ Betriebsrats- oder Gewerkschaftstätigkeit

☐ Mitgliedschaft in einer radikalen Organisation

Zu welcher Testkategorie gehört der Rorschachtest?

[1 Fit-Punkt]

☐ projektive Tests

☐ psychometrische Tests

Welche Angaben oder Informationen könnte man aufgrund des Allgemeinen Gleichbehandlungsgesetzes in der Bewerbung weglassen?

[1 Fit-Punkt]

☐ Geburtsdatum

☐ Adresse

☐ Familienstand

☐ Foto

☐ Telefonnummer

Warum sollten nach der neuesten Rechtsprechung Schwerbehinderte ihre Behinderung offenbaren?

[2 Fit-Punkte]

☐ weil der Arbeitgeber sie einstellen muss.

☐ weil der Arbeitgeber dadurch die Ausgleichsabgabe reduzieren oder völlig einsparen kann.

☐ weil das Integrationsamt eine Statistik führt, die von den Arbeitgebern übermittelt wird.

Dein Punktestand Etappe 5
[_____ **Fit-Punkt**

Etappe 6:
Arbeitsvertrag

Startschuss: Schlagwörter und Prüfungstipps

Was erwartet mich in diesem Kapitel?

In diesem Kapitel werden die Grundlagen des Arbeitsvertrags und besonders zu beachtende Aspekte erörtert.

Welche Schlagwörter lerne ich kennen?

■ Arbeitsvertrag ■ Arbeitsrecht ■ Nachweisgesetz ■ Arbeitszeitgesetz ■ Bundesurlaubsgesetz ■ Betriebsverfassungsgesetz ■ allgemeines Gleichbehandlungsgesetz ■ Sozialgesetzbuch IX (Schwerbehindertenrecht) ■ Kettenarbeitsvertrag ■ Aufhebungsvertrag ■ Befristeter Arbeitsvertrag ■ Betriebsvereinbarung ■ Tätigkeitsbeschreibung ■ Vergütungssystem ■ Entgelt ■ Tarifvertrag ■ Entgeltfortzahlungsgesetz ■ Gratifikation ■ Betriebliche Altersversorgung ■ Arbeitsunfähigkeitsbescheinigung ■ Wettbewerbsverbot ■ salvatorische Klausel ■ Gewinnbeteiligung ■ Arbeitsgericht ■ Willenserklärung

Wofür benötige ich dieses Wissen?

Der Arbeitsvertrag ist Dreh- und Angelpunkt für jedes Arbeitsverhältnis. Eine umfassende Kenntnis des Arbeitsrechts ist bei einer Tätigkeit im Personalwesen unerlässlich. Im Studium werden zumindest Grundkenntnisse gefordert.

Welchen Prüfungstipp kann ich aus diesem Abschnitt ziehen?

■ In Prüfungen soll häufig aufgezählt werden, welche einzelnen Gesetze zum Arbeitsrecht gehören. ■ Gelegentlich werden auch Details zu einzelnen Gesetzen abgefragt. ■ Du solltest die verschiedenen Arten der Beendigung eines Arbeitsverhältnisses (Kündigung, Aufhebungsvertrag, Anfechtung) kennen. ■ Du solltest wissen, welche Mindestangaben in einem Arbeitsvertrag nach dem Nachweisgesetz enthalten sein müssen.

Los geht's!

Definition
Der Arbeitsvertrag regelt das Arbeitsverhältnis auf rechtlicher Basis. Er muss bestimmte Aspekte umfassen, die gesetzlich im so genannten Nachweisgesetz festgelegt sind.

Wichtige **gesetzliche Grundlagen** für den Arbeitsvertrag sind das → Arbeitsrecht im allgemeinen Sinne, das Bürgerliche Gesetzbuch, das Arbeitszeitgesetz, das Bundesurlaubsgesetz, das Betriebsverfassungsgesetz, das Schwerbehindertenrecht, das im Sozialgesetzbuch (SGB) IX kodifiziert ist, das Allgemeine Gleichbehandlungsgesetz und andere Rechtsgrundlagen, die auf europäischer Ebene gelten und zum primären und sekundären europäischen Recht zählen.

Inhalte des Arbeitsvertrags nach dem Nachweisgesetz (NachwG)	
Namen und Anschrift der Vertragsparteien	Arbeitsort (oder Angabe: wechselnder Arbeitsort)
Vertragsbeginn	Tätigkeitsbeschreibung
Beschäftigungsdauer (befristet und Dauer, unbefristet)	Höhe des Entgelts und andere Vergütungen
Arbeitszeit	Urlaubsansprüche
Kündigungsfrist	Geltung von Tarifverträgen, Betriebsvereinbarungen

Darüber hinaus bestimmen **Tarifverträge** die Einzelheiten eines Arbeitsvertrages, da Tarifverträge stets Vorrang vor einzelnen Arbeitsverträgen genießen. Tarifverträge können zusätzlich durch → Betriebsvereinbarungen ergänzt werden, die ebenfalls mit Priorität zu behandeln sind und den Arbeitsvertrag beeinflussen. Zudem ist auch die Weiterentwicklung des Arbeitsrechts in Deutschland in der Rechtsprechung maßgeblich.

Man unterscheidet zwischen einem unbefristeten Arbeitsvertrag, der nur durch → Kündigung oder durch einen Aufhebungsvertrag enden kann, und einem befristeten Arbeitsvertrag, der einen festgelegten Zeitpunkt enthält, an dem er endet.

Problematisch bei **befristeten Arbeitsverträgen** ist es, dass jede Befristung sachlich und zwingend begründet werden muss. Kettenarbeitsverträge, bei denen mehrere befristete Arbeitsverträge hintereinander geschaltet werden, können eine unbefristete Beschäftigung bewirken. Daher muss der sachliche Grund, der zur Befristung des Arbeitsvertrages geführt hat, ausführlich und detailliert erläutert werden, um zu vermeiden, dass es zu einem Prozess vor dem Arbeitsgericht kommt, bei dem geurteilt wird, dass der befristete Arbeitsvertrag nicht gültig ist und in ein unbefristetes Arbeitsverhältnis umgewandelt werden muss.

> Eine mehrfache Verlängerung ist im Prinzip möglich, birgt aber Risiken, wenn die sachliche Begründung einer rechtlichen Überprüfung nicht standhält.

Bei der Gestaltung des Arbeitsvertrags müssen rechtliche Vorschriften beachtet werden, die in Tarifverträgen, Betriebsvereinbarungen oder Gesetzen enthalten sind. **Wichtige Inhalte des Arbeitsvertrags**, die in jedem vorkommen, sind

- die Bezeichnung des Unternehmens,
- die Angabe der Rechtsform und
- der Sitz des Unternehmens. Darüber hinaus müssen
- der Vorname,
- der Name und
- die Anschrift des Einzustellenden genau aufgelistet werden.

Der Arbeitsvertrag muss konkretisieren, wann das Arbeitsverhältnis beginnt und welche Rechte und Pflichten es beinhaltet:

- Die **Tätigkeitsbeschreibung** sollte so ausführlich, detailliert und exakt erfolgen wie möglich, denn der Arbeitnehmer kann nur im Rahmen der festgelegten Tätigkeit beschäftigt werden. Lediglich in Ausnahmesituationen ist es möglich, dass der Arbeitgeber von seinem Direktionsrecht Gebrauch macht und dem Beschäftigten eine Tätigkeit zuweist, die nicht in der Tätigkeitsbeschreibung aufgeführt ist. Dies ist jedoch auf Ausnahmefälle und Katastrophen im Unternehmen beschränkt.

▣ Eine **Generalklausel,** der zufolge auch andere, der Berufsausbildung nicht entsprechende Tätigkeiten in Ausnahmefällen zugewiesen werden können, ist sinnvoll, da sonst die Tätigkeit sehr stark eingeschränkt wird und bei Kapazitätsproblemen oder organisatorischen Schwierigkeiten im Unternehmen nichts geändert werden kann.

▣ In einem nächsten Passus sollte die **Vergütung** näher konkretisiert werden. Dies bedeutet, dass die Höhe, der Umfang und die Zusammensetzung der Entlohnung genau angegeben wird. Zusätzliche Vereinbarungen beziehen sich auf Überstunden, Mehrarbeit und auch die Tätigkeit an Sonn- und Feiertagen.

▣ Außerdem enthalten **moderne Vergütungssysteme** auch Gewinnbeteiligungen und andere differenzierte Formen von Entgelten, die ebenfalls im Vertrag detailliert aufgelistet werden sollten.

▣ An die Vergütung schließt sich meist die Schilderung der **Sozialleistungen** an, die zum Beispiel die Erstattung der Umzugskosten oder bestimmte Gratifikationen wie das Weihnachtsgeld umfassen können. Es kommen Versicherungen infrage, die der Arbeitnehmer vergünstigt im Unternehmen abschließen kann, sowie eine ausführliche Beschreibung der betrieblichen Altersversorgung.

▣ Die **Arbeitszeit** wird im Arbeitsvertrag detailliert angegeben. Dabei ist es wichtig, die Stundenzahl pro Woche anzugeben und auch mögliche Überstundenregelung zu erwähnen. Die Urlaubstage sind aufzulisten, wobei das Unternehmen die gesetzlichen Regelungen im Bundesurlaubsgesetz berücksichtigen muss. In den meisten Unternehmen werden ohnehin mehr Urlaubstage gewährt, als es das seit den fünfziger Jahren geltende Bundesurlaubsgesetz vorsieht.

▣ Wichtig ist aber, dass die **tarifvertraglichen Regelungen** beachtet werden und dass die Regelungen des Allgemeinen Gleichbehandlungsgesetzes Eingang finden. So dürfen beispielsweise jüngere Arbeitnehmer gegenüber älteren Beschäftigten nicht benachteiligt werden, da dies eine Diskriminierung aufgrund des Alters darstellt. Dies bedeutet im konkreten Fall, dass ältere Arbeitnehmer nicht mehr Urlaubstage erhalten dürfen als jüngere Kollegen.

■ Weitere wichtige Details im Arbeitsvertrag beziehen sich auf das **Entgeltfortzahlungsgesetz.** Hier kann festgelegt werden, bis zu welchem Zeitpunkt ein Arbeitnehmer eine Arbeitsunfähigkeitsbescheinigung im Krankheitsfall beim Unternehmen vorzulegen hat. Darüber hinaus müssen tarifvertragliche Regelungen zum Entgeltfortzahlungsgesetz berücksichtigt werden, beispielsweise wenn ein Arbeitgeber über einen längeren Zeitraum als gesetzlich vorgesehen eine Lohnfortzahlung vornimmt, was in der Praxis relativ selten vorkommt.

■ In der letzten Passage wird meist ein **Wettbewerbsverbot** festgehalten, sofern dies auf den Arbeitnehmer zutrifft. Wettbewerbsverbote sind häufig im Bereich des Marketing üblich und enthalten eine Konkurrenzklausel, der zufolge der Arbeitnehmer nach dem Ausscheiden aus dem Unternehmen nicht beim Konkurrenzunternehmen tätig sein darf.

Der Gesetzgeber sieht für dieses **Wettbewerbsverbot** eine maximale Laufzeit von zwei Jahren vor. Das Wettbewerbsverbot muss schriftlich im Arbeitsvertrag fixiert werden und zieht eine Entschädigung durch den Arbeitgeber nach sich. Es darf jedoch nicht eine Regelung enthalten, die einem völligen Tätigkeitsverbot des Arbeitnehmers gleichkäme. Das bedeutet: Das Wettbewerbsverbot darf nicht so weit gefasst werden, dass es dem Arbeitnehmer eine Tätigkeitsaufnahme am Arbeitsmarkt vollständig verwehrt.

■ Ein wichtiger Punkt im Arbeitsvertrag ist die **Probezeit,** die dazu dient festzustellen, ob der Arbeitnehmer für das jeweilige Arbeitsverhältnis und die Anforderungen geeignet ist. Häufig wird die Probezeit auf ein halbes Jahr beschränkt. Im Prinzip kann die Probezeit aber auf zwei Jahre ausgedehnt werden, denn so sieht es die gesetzliche Regelung vor.

■ Ein weiterer wichtiger Gesichtspunkt bei der Ausgestaltung des Arbeitsvertrags ist die **Kündigungsfrist.** Die gesetzliche Kündigungsfrist beträgt einen Monat. Das Unternehmen kann indes längere Kündigungsfristen vereinbaren, wie es vor allem bei

Führungskräften üblich ist, die eine Kündigungsfrist von einem Quartal erhalten.

Probleme beim Arbeitsvertrag können durch unzulässige Regelungen entstehen, beispielsweise wenn gegen ein Gesetz verstoßen wurde oder eine tarifvertragliche Regelung unbeachtet blieb. Dies kann dazu führen, dass der gesamte Arbeitsvertrag ungültig wird.
Deshalb wird im Arbeitsvertrag eine **salvatorische Klausel** angefügt, deren Inhalt lautet: Falls einige Regelungen des Arbeitsvertrags ungültig sein sollten, bewirken diese nicht als Ganzes die Nichtigkeit des gesamten Vertrags.

Mängel beim Arbeitsvertrag können auftreten im Bereich der inhaltlichen Formulierungen, aber auch beim konkreten Abschluss des Arbeitsvertrages. So ist es nicht möglich, mit geschäftsunfähigen Personen Arbeitsverträge abzuschließen. Hierfür bedarf es der Zustimmung des gesetzlichen Vertreters. Ein Arbeitsvertrag, der aufgrund eines Fehlers oder einer mangelhaften Willenserklärung nichtig ist, muss nicht gekündigt werden; er wird durch die Anfechtung bereits nichtig, wenn diese Erfolg haben sollte.

⬤ Zwischenstand:
Fragen und Antworten

Bist du fit für die Prüfung?

Beantworte die folgenden Fragen und finde heraus, ob du die Inhalte dieser Etappe verinnerlicht hast. Die Antworten stehen online für dich bereit. Folge einfach dem QR-Code am Ende des Fragenkatalogs oder dem Link:

fit-lernhilfen.de/personal/6.htm

Addiere die Fit-Punktzahlen der korrekt beantworteten Fragen, die in der eckigen Klammer angegeben sind, und notiere diese in der Auswertung am Ende des Buches, um deinen Fitness-Stand zu errechnen.

Welche Inhalte müssen nach dem Nachweisgesetz im Arbeitsvertrag stehen?

[2 Fit-Punkte]

☐ Höhe des Entgelts

☐ Arbeitszeit

☐ Kündigungsfrist

Es gibt einen Arbeitsvertrag, der eine tarifvertragliche Regelung und eine Betriebsvereinbarung nicht berücksichtigt. Was gilt?

[2 Fit-Punkte]

☐ Es gilt nur der Arbeitsvertrag.

☐ Es gilt nur der Tarifvertrag.

☐ Es gilt nur die Betriebsvereinbarung.

☐ Der Tarifvertrag und die Betriebsvereinbarung gelten vorrangig.

In einem Unternehmen erhalten 40-Jährige zwei Tage mehr Urlaub und 50-Jährige drei Tage mehr Urlaub. Ist dies zulässig?

[2 Fit-Punkte]

☐ ja, da sie mehr Erholung benötigen

☐ der Arbeitgeber kann den Urlaubsanspruch so festlegen

☐ wenn der Tarifvertrag dies so vorsieht

☐ nein, dies ist Diskriminierung aufgrund des Alters und verstößt gegen das AGG

In welchem Gesetz ist die Zahlung im Krankheitsfall geregelt?

[2 Fit-Punkte]

☐ Arbeitszeitgesetz

☐ Betriebsverfassungsgesetz

☐ Entgeltfortzahlungsgesetz

Was gilt für ein Wettbewerbsverbot?

[2 Fit-Punkte]

☐ Es muss entschädigt werden.

☐ Es muss nicht entschädigt werden.

☐ Es kann lebenslang vereinbart werden.

☐ Es kann nur befristet vereinbart werden.

☐ Ein Wettbewerbsverbot gilt nur für das Ausland.

Muss der Hauptabteilungsleiter in Notfällen am Empfang arbeiten?

[2 Fit-Punkte]

☐ ja

☐ nein

Führungskräfte haben in der Regel eine Kündigungsfrist von …?

[1 Fit-Punkt]

☐ einem Monat

☐ einem halben Jahr

☐ drei Monaten

Ein Arbeitsvertrag kommt zustande durch …?

[2 Fit-Punkte]

☐ eine Willenserklärung

☐ zwei Willenserklärungen

☐ durch einen Vertrag

Wenn ein Arbeitnehmer falsche Angaben bei der Bewerbung gemacht, wie kann dann das Arbeitsverhältnis beendet werden?

[2 Fit-Punkte]

☐ durch fristlose Kündigung

☐ durch fristgemäße Kündigung

☐ durch außerordentliche Kündigung

☐ durch Anfechtung

Dein Punktestand Etappe 6
[_____ Fit-Punkte]

Etappe 7:
Arbeitsrecht

◉ Startschuss: Schlagwörter und Prüfungstipps

Was erwartet mich in diesem Kapitel?

In diesem Kapitel werden die wichtigsten Grundlagen des Arbeitsrechts kursorisch und nach Schwerpunkten erörtert. Das Arbeitsrecht ist insgesamt ein sehr umfassendes und vielschichtiges Gebiet, für das eine sehr intensive Einarbeitung empfehlenswert ist. Wer im Personalwesen tätig sein möchte, sollte sich sehr ausführlich mit dem Arbeitsrecht befassen und mehrere Lehrbücher konzentriert durcharbeiten.

Welche Schlagwörter lerne ich kennen?

■ Arbeitsrecht ■ Arbeitsvertragsrecht ■ Arbeitsschutzrecht ■ Sozialrecht ■ Bürgerliches Gesetzbuch ■ Handelsgesetzbuch ■ Individuelles Arbeitsrecht ■ Kollektives Arbeitsrecht ■ Gewerbeordnung ■ Allgemeines Gleichbehandlungsgesetz ■ Betriebsverfassungsgesetz ■ Treuepflicht ■ Whistleblowing ■ Entgeltfortzahlungsgesetz ■ Arbeitsstättenverordnung ■ Arbeitszeitgesetz ■ Arbeitssicherheitsgesetz ■ Kündigungsschutzgesetz ■ Heimarbeitsgesetz ■ Mutterschutzgesetz ■ Jugendarbeitsschutzgesetz ■ Mikroergonomie ■ Makroergonomie ■ Bundesurlaubsgesetz ■ Beweislastumkehr ■ Arbeitskampfrecht ■ Diskriminierung ■ Beschäftigungsverbot ■ Gleichstellung ■ Anthropometrie ■ Integrationsamt ■ Betriebsrat ■ Personalrat ■ Personalvertretungsgesetz ■ Aussperrung ■ Streik

Wofür benötige ich dieses Wissen?

In der täglichen Personalarbeit und auch in Alltagssituation sind grundlegende Kenntnisse des Arbeitsrechts unerlässlich.

Welchen Prüfungstipp kann ich aus diesem Abschnitt ziehen?

■ In Prüfungen werden teilweise einzelne Rechtsgebiete aus dem Arbeitsrecht abgefragt. ■ In Examina solltest du öffentliches Recht und Zivilrecht bei arbeitsrechtlichen Fragen unterscheiden können. ■ Du solltest die wichtigsten Einzelheiten des Betriebsverfassungsgesetzes kennen. ■ Du solltest bei der Prüfung mit den aktuellen Entwicklungen im Arbeitsrecht vertraut sein und die Rechtsprechung beachten (Allgemeines Gleichbehandlungsgesetz, Rechtsprechung des Europäischen Gerichtshofs in Luxemburg, Urteils des Bundesarbeitsgerichts).

Los geht's!

Definition
Das Arbeitsrecht ist die Gesamtheit aller Normen und Gesetze, die für den personalwirtschaftlichen Bereich relevant sind.

Juristen differenzieren zwischen individuellem und kollektivem Arbeitsrecht. Das **Sozialrecht**, das in den vergangenen Jahrzehnten immer mehr an Bedeutung gewonnen hat, flankiert das Arbeitsrecht und findet immer mehr Anwendung in den verschiedensten Bereichen der → Personalverwaltung. Bei dem individuellen Arbeitsrecht, das die Einzelbeziehungen zwischen Arbeitnehmern und Arbeitgebern genauer definiert, differenziert man zwischen dem Arbeitsvertragsrecht und dem Arbeitsschutzrecht.

Individuelles Arbeitsrecht	
Arbeitsvertragsrecht	Arbeitsschutzrecht
BGB, HGB, GewO	Verschiedene Gesetze

Das Arbeitsvertragsrecht greift auf verschiedene Rechtsquellen zurück. Dazu gehören das Bürgerliche Gesetzbuch (BGB), das in den §§ 611 - 630 die wichtigsten Vorschriften für das Arbeitsrecht enthält. Ergänzt wird das Arbeitsvertragsrecht durch das Handelsgesetzbuch (HGB), das in dem § 59 die wichtigsten Bestimmungen für das Arbeitsvertragsrecht enthält.

Darüber hinaus gelten weitere Rechtsquellen wie die Gewerbeordnung, die die Stellung der gewerblichen Mitarbeiter genauer definiert.

Der Arbeitgeber schließt mit dem Arbeitnehmer einen → Arbeitsvertrag. Dieser Arbeitsvertrag enthält einige grundlegende Bestimmungen wie beispielsweise den Vertragsbeginn, den Vertragsinhalt, die Kündigungsfristen und andere Aspekte.

Für den Arbeitgeber gibt es bestimmte **Pflichten**, die rechtlich definiert sind. Solche Pflichten sind beispielsweise

- die Zahlungspflicht hinsichtlich der Vergütung,

- die Fürsorge und

- die Beschäftigungspflicht sowie

- die Pflicht auf Gewährung eines Urlaubes nach dem Bundesurlaubsgesetz und eine Pflicht über die Zeugniserteilung.

- Zudem gibt es noch eine Gleichbehandlungspflicht, die beispielsweise im Allgemeinen Gleichbehandlungsgesetz (AGG) verankert ist und auch im Betriebsverfassungsgesetz näher erläutert und konkretisiert wird.

- Bei den Arbeitnehmern differenziert das Recht nach bestimmten Kategorien. So sind Arbeiter hauptsächlich körperlich tätig, während Angestellte vor allem geistige Arbeit ausführen. Diese Differenzierung ist heutzutage allerdings weitgehend veraltet und in der Praxis ungebräuchlich.

Arbeitnehmer haben definierte **Rechte** wie

- einen Anspruch auf Lohnzahlung,

- das Recht auf Beschäftigung,

- auf Gleichbehandlung und

- auf Zeugniserteilung.

Dem stehen gewisse Pflichten gegenüber, die der Arbeitnehmer zu erfüllen hat. Hier unterscheidet man die **Arbeitspflicht**, d.h. der Arbeitnehmer ist verpflichtet, eine bestimmte, vertraglich festgelegte Arbeitsleistung zu erbringen. Darüber hinaus unterliegt er der **Treuepflicht**, d.h. er muss die Interessen des Arbeitgebers wahren und darf Betriebsgeheimnisse nicht öffentlich verbreiten.

Einschränkungen gelten hier, wenn der Arbeitgeber gegen geltende Gesetze und Verordnungen verstößt. Auch wenn der Arbeitnehmer dies an die Behörden weiterleitet, darf der Arbeitgeber keine Kündigung aussprechen.

Der **Europäische Gerichtshof für Menschenrechte** hat dieses so genannte Whistleblowing in einem Urteil im Juli 2011 akzeptiert. Die öffentliche Äußerung zu Missständen in einem Unternehmen ist durch die Europäische Menschenrechtskonvention durch die Freiheit der Meinungsäußerung geschützt.

In dem Fall ging es um eine Altenpflegerin, die nach einer Strafanzeige gegen ihren Arbeitgeber fristlos entlassen worden war. Zuvor hat die deutsche Rechtsprechung die Treuepflicht des Arbeitnehmers in den Vordergrund gestellt und die Klägerin abgewiesen.

Der Arbeitnehmer hat eine **Haftungspflicht**, wenn er bei seiner Arbeit Schäden verursacht. Man differenziert hier allerdings zwischen Vorsatz und grober Fahrlässigkeit sowie mittlerer und leichter Fahrlässigkeit. Eine Haftung entfällt bei leichter und mittlerer Fahrlässigkeit, während bei grober Fahrlässigkeit und bei Vorsatz ein Regress infrage kommen kann.

Das Arbeitsrecht enthält zudem ein besonderes Gebiet, nämlich das **Arbeitsschutzrecht**. Das Arbeitsschutzrecht ist teilweise auch öffentlich-rechtlich definiert. Zu den Schutzvorschriften rechnet man beispielsweise

- die Arbeitsstättenverordnung,
- das Arbeitszeitgesetz,
- die Gewerbeordnung,
- das Kündigungsschutzgesetz,
- das Entgeltfortzahlungsgesetz,
- das Arbeitssicherheitsgesetz und
- das Allgemeine Gleichbehandlungsgesetz.

Das **Kündigungsschutzgesetz** schützt beispielsweise den Arbeitnehmer vor einer ungerechtfertigten → Kündigung. Die Gewerbeordnung legt fest, welche Rahmenbedingungen für Gewerbebetriebe gelten und welche Schutzvorschriften einzuhalten sind. Das Arbeitszeitgesetz legt das Ausmaß der Arbeitszeit fest und schränkt sie ein, um den Arbeitnehmer vor einer unverhältnismäßigen Überlastung zu schützen.

Arbeitsschutzrecht	
Allg. Gleichbehandlungsgesetz	Berufsbildungsgesetz
Arbeitssicherheitsgesetz	Heimarbeitsgesetz
Arbeitsschutzgesetz	Jugendarbeitsschutzgesetz
Arbeitszeitgesetz	Mutterschutzgesetz
Kündigungsschutzgesetz	Schwerbehindertenrecht (Sozialgesetzbuch IX)
Entgeltfortzahlungsgesetz	

Die **Arbeitsstättenverordnung** befasst sich mit bestimmten sicherheitstechnischen Grundregeln für Büros, Werkstätten und Labors und versucht, Unfälle durch ein umfassendes Regelwerk im Vorfeld zu verhüten. Dabei bedient sich der Gesetzgeber auch einer Wissenschaft, die Ergonomie genannt wird und die festlegt, unter welchen Bedingungen der Körper am besten arbeiten kann.

Die → **Ergonomie** ist darauf ausgerichtet, dem Einzelnen ein effizientes und sicheres Arbeiten zu ermöglichen und Unfälle sowie Erkrankungen im Vorfeld zu verhüten. Sie stellt damit einen präventiven Arbeitsschutz dar. Die Ergonomie ist eine Teildisziplin der Arbeitswissenschaft und befasst sich vor allem mit der Sicherheit an der Schnittstelle zwischen Mensch und Maschine (oder Vorrichtung).

Das Fach wird untergliedert in die Produktergonomie (Mikroergonomie) und die Produktionsergonomie (Makroergonomie):

■ Bei der **Produktergonomie** steht die Gestaltung und Sicherheit der verwendeten Arbeitsmittel im Vordergrund.

▪ Die **Produktionsergonomie** befasst sich mit dem systemischen Kontext somit den Einflussfaktoren in der Arbeitsumgebung.

Die Ergonomie ist eine interdisziplinäre Wissenschaft, die sich Fachkenntnisse aus den Sozial-, Wirtschafts- und Naturwissenschaften sowie der Informatik, der Medizin und den Ingenieurwissenschaften zunutze macht.

Die **Anthropometrie** als Teilgebiet beschäftigt sich mit den Eigenschaften und Potenzialen des menschlichen Körpers und untersucht, wie die Arbeitsplatzgestaltung sich auf die Bewegungsfreiheit des Körpers auswirkt. Daher unterscheidet man

▪ **statische Anthropometrie** (betreffend den anatomischen Körperbau und dessen Möglichkeiten) und die

▪ **dynamische Anthropometrie**, die sich auf die Analyse der Körperbewegungen konzentriert.

Ein wichtiges Spezialgebiet der Ergonomie, das im 21. Jahrhundert einen erheblichen Stellenwert innehat, ist die **Software-Ergonomie**, die die Bedienbarkeit von Software optimieren will, indem sie die Interaktion zwischen Menschen und IT-System genauer untersucht. Für einzelne Bereiche gibt es weitere spezialisierte Teilbereiche der Ergonomie wie beispielsweise die Fahrzeugergonomie.

Ein wichtiges Gesetz, das im Jahre 2006 verabschiedet wurde, ist das **Allgemeine Gleichbehandlungsgesetz (AGG)**, dass Benachteiligungen im Arbeitsleben verhindern soll. Das Allgemeine Gleichbehandlungsgesetz definiert eine Reihe von Kriterien, bei deren Verletzung eine Benachteiligung oder Diskriminierung des Arbeitnehmers angenommen werden kann. Zu diesen Kriterien zählen Geschlecht, Rasse oder ethnische Herkunft, Weltanschauung oder Religion, sexuelle Identität, Alter und Behinderung. Der Gesetzgeber sieht eine Beweislastumkehr vor, das bedeutet, der Arbeitnehmer, der sich diskriminiert oder benachteiligt fühlt, muss nicht in einem Prozess den Nachweis erbringen, dass er benachteiligt wurde, sondern es reicht aus, wenn er diesen Vorfall glaubhaft machen kann. Bei einem Verstoß gegen das Benachteiligungsverbot hat der Betroffene ein Recht auf Schadensersatz und auf Unterlassung.

Darüber hinaus kann der Betriebsrat eigenständig klagen, wenn ihm **Diskriminierungen** bekannt werden. Das Allgemeine Gleichbehandlungsgesetz erstreckt sich nicht nur auf den eigentlichen Arbeitsalltag, sondern auch auf die Bewerbung, die Einstellung und die Beförderung.

Allgemeines Gleichbehandlungsgesetz (AGG)	
Anwendungsbereich	Rasse, ethnische Herkunft, Geschlecht, Religion, Weltanschauung, Behinderung, Alter, sexuelle Identität
Sachlicher Bereich	Bewerbung, Zugang zur Arbeitstätigkeit, Beförderung, Weiterbildung, Berufsberatung, Berufsbildung, Ausbildung, Weiterbildung, Umschulung, soziale Sicherheit, Zugang zu Gewerkschaften, Berufsvereinigungen, Güter und Dienstleistungen
Formen der Diskriminierung	Unmittelbare Diskriminierung, mittelbare Diskriminierung (scheinbar neutrale Vorschriften, Verfahren)
Rechtsfolgen	Schadenersatz, Entschädigung
Verfahren	Beweislastumkehr (Indizien maßgeblich)

Das Arbeitsrecht enthält diverse **spezielle Schutzvorschriften**, die in Einzelgesetzen festgehalten sind und zu einer Zersplitterung des deutschen Arbeitsrechts beitragen. Hierzu gehört beispielsweise das Berufsbildungsgesetz, das die berufliche Aus- und Fortbildung sowie die Umschulung näher definiert.

Ein weiteres Gesetz, das außerhalb der Systematik des BGB steht, ist das **Heimarbeitsgesetz**, das die besonderen Regelungen für Heimarbeiter zusammenfasst und spezielle Aspekte wie Arbeitszeiten, Vergütungsregelungen und Kündigungsschutz umfasst. Ein zusätzliches Gesetz in diesem Bereich ist auch das Jugendarbeitsschutzgesetz, das die Beschäftigung von Jugendlichen unter 18 Jahren besonders behandelt. Hierbei werden Ruhepausen, der Urlaubsanspruch und die Höchstarbeitszeit näher festgelegt.

Jugendarbeitsschutzgesetz	
Wochenarbeitszeit	max. 40 Stunden (bei einer 5-Tage-Woche)
Ruhepause	60 min (bei mehr als 6 Stunden Arbeitszeit am Tag)
Arbeitszeit	von 6 bis 20 Uhr
Mehrarbeit	nicht zulässig
Sonn- und Feiertage	Beschäftigungsverbot (mit Ausnahmen: Landwirtschaft, Krankenhäuser, Pflegeheime u.a.)

Ein sehr wichtiges Gesetz ist das **Mutterschutzgesetz**, das sich auf die wertende oder stillende Mutter erstreckt und genaue Regelungen enthält über Beschäftigungsverbote sechs Wochen vor der Entbindung und acht Wochen nach der Entbindung. Das Mutterschutzgesetz listet verschiedene Einsatzverbote in gefährlichen Bereichen des Betriebs auf.

Mutterschutzgesetz	
Beschäftigungsverbot	bei Gefahr für Mutter oder Kind
	6 Wochen vor der Entbindung (nur bei Zustimmung der Mutter Beschäftigung möglich)
	8 Wochen nach der Entbindung (12 Wochen bei Mehrlingsgeburten)
Pflichten des Arbeitgebers	keine schweren Arbeiten (Bsp.: Akkordarbeit)
	Entgeltfortzahlung während des Beschäftigungsverbots
	Freistellung für ärztliche Untersuchungen

Ein großes eigenständiges Rechtsgebiet, das im Sozialgesetzbuch behandelt wird, ist das **Schwerbehindertenrecht**. Das Schwerbehindertenrecht wird im Sozialgesetzbuch IX thematisiert.

Beispielsweise wird dort festgelegt, unter welchen Umständen eine Kündigung von Schwerbehinderten oder ihnen Gleichgestellten möglich ist. Gleichgestellte sind Personen, die am Arbeitsplatz einen Einschränkungsgrad von 50 Prozent aufweisen, aber in ihrer Behinderung allgemein mit mindestens 30 Punkten eingestuft werden.

Schwerbehindertenrecht	
Schwerbehinderung und Gleichstellung	Grad der Behinderung (GdB): mindestens 50 Gleichstellung: (GdB): mindestens 30 am Arbeitsplatz: 50
Pflicht zur Beschäftigung	Unternehmen mit mehr als 20 Arbeitsplätzen
	5% der Arbeitsplätze für Schwerbehinderte
Ausgleichsabgabe bei Schwerbehinderten in Prozent	3% bis 5%: 105 €
	2% bis < 3%: 180 €
	< 2%: 260 €
Kündigung	nur bei Zustimmung des Integrationsamtes

> Eine **Kündigung von Schwerbehinderten oder Gleichgestellten** ist nur dann möglich, wenn das zuständige Integrationsamt zustimmt. Daher genießen Schwerbehinderte oder ihnen Gleichgestellte einen besonderen Kündigungsschutz. Falls das Integrationsamt die Zustimmung verweigert, muss diese auf dem verwaltungsrechtlichen Weg eingeklagt werden. Eine weitere wichtige Regelung ist die Ausgleichsabgabe; sie wird fällig, wenn nicht mindestens 5 Prozent der Arbeitsplätze in einem Unter-

nehmen mit Schwerbehinderten besetzt sind. Geregelt ist dies in § 41 des Sozialgesetzbuches (SGB) IX.

Aus juristischer Sicht spielen weitere Faktoren eine nicht unerhebliche Rolle bei der Gestaltung der personalwirtschaftlichen Funktionen. Hierzu gehören die Einhaltung der gesetzlichen Vorschriften und Bestimmungen wie beispielsweise das **kollektive Arbeitsrecht**, die im Betriebsverfassungsgesetz verankerte betriebliche Mitbestimmung und andere gesetzliche Bestimmungen.

Das kollektive Arbeitsrecht bezieht sich auf die rechtlichen Verhältnisse zwischen Sozialpartnern und thematisiert die Koalitionsfreiheit, die im Grundgesetz verankert ist und als Grundrecht gilt. Die Beziehungen beschreiben das Verhältnis zwischen Gewerkschaften und Arbeitgeberverbänden. Das kollektive Arbeitsrecht kann unterteilt werden in Tarifvertragsrecht, Arbeitskampfrecht und Betriebsverfassungsrecht.

Das **Tarifvertragsrecht** regelt die Koalitionen zwischen Arbeitgeber und Arbeitnehmer und legt die Arbeitsverhältnisse für ein bestimmtes Zeitintervall fest. Grundlage des Tarifvertragsrechts ist das Tarifvertragsgesetz. Bei den Tarifverträgen werden Lohn- und Gehaltstarifverträge unterschieden sowie Manteltarifverträge und Rahmentarifverträge. Darüber hinaus gibt es einen Verbandstarifvertrag und einen Firmentarifvertrag, der weiter untergliedert werden kann in einen Unternehmenstarifvertrag, einen Haustarifvertrag und einen Werkstarifvertrag.

Arten von Tarifverträgen	
Lohn- und Gehaltstarifvertrag	Verbandstarifvertrag
Manteltarifvertrag	Firmentarifvertrag

Bei den Tarifverträgen wird zwischen unterschiedlichen Geltungsbereichen unterschieden:

- Der **räumliche Geltungsbereich** umfasst beispielsweise ein Bundesland, einen Regierungsbezirk oder ein bestimmtes Gebiet.
- Der **fachliche Geltungsbereich** tangiert unterschiedliche Branchen.

■ Der **persönliche Geltungsbereich** erstreckt sich auf verschiedene Personengruppen wie Angestellte oder Arbeiter.

Nach dem Tarifvertragsgesetz ist der Tarifvertrag nur auf tarifgebundene Arbeitsverhältnisse anzuwenden, das bedeutet: auf Arbeitgeberverbände und Gewerkschaften. Das Bundesministerium für Arbeit kann einen Tarifvertrag nach § 5 Tarifvertragsgesetz für allgemein verbindlich erklären, sodass er auf eine bestimmte Branche angewendet werden muss.

> Ein wichtiger Teilbereich des Tarifvertragsrechts ist das **Arbeitskampfrecht**.

Hierzu gehören rechtliche Bestimmungen für den **Streik** und die Details für die Durchführung des Streiks. Um einen Streik durchzuführen, bedarf es einer Urabstimmung, die von 75 Prozent der gewerkschaftlich organisierten Arbeitnehmer befürwortet werden muss. Zusätzlich gesetzlich erlaubt sind Warnstreiks, die eine kurzfristige Arbeitsniederlegung darstellen und der Anberaumung von Tarifverhandlungen dienen. Gänzlich ausgeschlossen ist in Deutschland der politische Streik, der gesetzlich nicht zugelassen ist.

Die Arbeitgeberverbände haben als Gegenmaßnahme die **Aussperrung** zur Verfügung. Es wird zwischen der Angriffsaussperrung und der Abwehraussperrung unterschieden. Bei einer rechtmäßigen Aussperrung werden die Arbeitsverhältnisse temporär aufgehoben.

Das Betriebsverfassungsgesetz erläutert die **Beteiligungsmöglichkeiten der Beschäftigten**. Zu den wichtigsten gesetzlichen Regelungen zählen Mitwirkung und Mitbestimmungsrechte, → Betriebsvereinbarungen und die rechtlichen Festlegungen für den Betriebsrat, der als Organ der Beschäftigten deren Interessen und Aufgaben wahrnimmt.

Zu den wichtigsten **Aufgaben des Betriebsrats** zählen beispielsweise

■ die Wahrnehmung von Antragsrechten,

■ die Durchsetzung von Gesetzen, Verordnungen und Vorschriften,

■ die Durchsetzung der Gleichstellung der Arbeitnehmer,

- die Förderung der Vereinbarkeit von Familie und Beruf, die Förderung von Schwerbehinderten und der Schutz der Rechte von Schwerbehinderten,

- die Förderung älterer Arbeitnehmer,

- die Förderung und Sicherung der Beschäftigung und des Arbeitsschutzes.

Rechte des Betriebsrats

Mitbestimmungsrechte	Informationsrechte
Festlegung Arbeitszeit, Pausen, Mehrarbeit	Einstellung, Versetzung, Kündigung, Umgruppierung
Betriebsordnung	Personalplanung
Verhalten der Mitarbeiter (Parkplatz-, Kleiderordnung)	Arbeitsschutz
Arbeitsschutz	Unfallschutz
Vergütungssystem, Akkordlöhne, Prämien	Umweltschutz
Urlaub und Urlaubsplan	Arbeitsgestaltung, Arbeitsverfahren
betriebliches Vorschlagswesen	Umbauten
Sozialeinrichtungen	Berufsbildung
Weiterbildung, Personalentwicklung	Soziale Angelegenheiten
Arbeitsmethoden, Fertigungsverfahren	Beschäftigung von Subunternehmern, Honorarkräften, freien Mitarbeitern, Leiharbeitnehmern
Betriebsänderungen (Fusion, Stilllegung, Verlegung)	
Einstellung, Versetzung, Kündigung	

Darüber hinaus ist der Betriebsrat verpflichtet, das Allgemeine Gleichbehandlungsgesetz im betrieblichen Alltag durchzusetzen. Zu den wesentlichen Rechten des Betriebsrats gehören das Informationsrecht, das Vorschlagsrecht, das Antragsrecht, das Beratungs- und das Anhörungsrecht, das beispielsweise bei der → Kündigung eines Arbeitnehmers von Relevanz ist.

Zudem legt das Betriebsverfassungsgesetz bestimmte **Mitbestimmungsrechte** fest, die der Betriebsrat wahrnehmen muss. Hierzu rechnet man soziale Angelegenheiten, bei denen ein Mitbestimmungsrecht vorgesehen ist. Unter diesem Gesichtspunkt fallen beispielsweise

- Urlaubspläne,
- der Unfallschutz,
- die Vergütung der Arbeitnehmer,
- die Verwaltung von Sozialeinrichtungen,
- Akkord- und Prämiensätze,
- das betriebliche Vorschlagswesen
- und die Einteilung der Arbeitszeit und der Arbeitspausen.

Der Betriebsrat ist für Arbeitsplatzangelegenheiten zuständig, die in den §§ 90 bis 91 des Betriebsverfassungsgesetzes geregelt sind.

Hier wird ein **zwingendes Mitbestimmungsrecht** vorgesehen, das nicht durch Vereinbarungen umgangen werden kann. Beispielsweise gehören hierzu die Vermeidung von Lärm oder die Vermeidung von Belastungen am Arbeitsplatz. Darüber hinaus ist der Betriebsrat auch für personelle Angelegenheiten zuständig, bei denen er zusätzlich ein Vetorecht ausüben kann. Dies betrifft vor allem die Richtlinien für die Auswahl von Arbeitnehmern aber auch die Versetzung und die Vornahme von ordentlichen Kündigungen, die eine Zustimmung des Betriebsrats benötigen. Der Betriebsrat verfügt über ein Initiativrecht bei Stellenausschreibungen und bei der Auswahl von Ausbildungsteilnehmern.

In wirtschaftlichen Angelegenheiten kommt dem Betriebsrat ein Informationsrecht zu. Unternehmen, die über mehr als 100

Beschäftigte verfügen, müssen zusätzlich einen Wirtschaftsausschuss einrichten, der wirtschaftliche Angelegenheiten erörtert. Das Betriebsverfassungsgesetz wird durch das Mitbestimmungsgesetz ergänzt. In Unternehmen mit mehr als 2000 Arbeitnehmern müssen im Aufsichtsrat den Arbeitnehmern eine umfassende Mitbestimmungsmöglichkeit einräumen. Zusätzlich gilt das Montanmitbestimmungsgesetz, das für Unternehmen mit mehr als 1000 Arbeitnehmern wirksam wird. Dieses Gesetz wurde für den Montanbereich erlassen und sieht eine paritätische Besetzung des Aufsichtsrates vor.

Für den **öffentlichen Dienst** gibt es das Personalvertretungsgesetz, das auch für karitative Einrichtungen angewendet wird. Die Beteiligungsrechte der Arbeitnehmer sind hierbei deutlich eingeschränkt. Über die gesetzlichen Regelungen hinaus können → Betriebsvereinbarungen vorgenommen werden, die schriftlich festzulegen sind. Solche Betriebsvereinbarungen beinhalten beispielsweise Richtlinien zur Vermeidung von Arbeitsunfällen, zur Einrichtung von Sozialeinrichtungen, Regelungen zur Altersversorgung, Urlaubspläne, Richtlinien für den Datenschutz und die Förderung der Vermögensbildung. Betriebsvereinbarungen gehen rechtlich den Arbeitsverträgen vor und sind für alle Beteiligten wirksam. Jedoch können Betriebsvereinbarungen gesetzliche Regelungen wie beispielsweise die des Betriebsverfassungsgesetzes nicht einschränken oder aufheben.

⬤ Zwischenstand:
Fragen und Antworten

Bist du fit für die Prüfung?

Beantworte die folgenden Fragen und finde heraus, ob du die Inhalte dieser Etappe verinnerlicht hast. Die Antworten stehen online für dich bereit. Folge einfach dem QR-Code am Ende des Fragenkatalogs oder dem Link:

fit-lernhilfen.de/personal/7.htm

Addiere die Fit-Punktzahlen der korrekt beantworteten Fragen, die in der eckigen Klammer angegeben sind, und notiere diese in der Auswertung am Ende des Buches, um deinen Fitness-Stand zu errechnen.

Welche Gesetze gehören zum Arbeitsschutzrecht?

[2 Fit-Punkte]

☐ Mutterschutzgesetz

☐ Arbeitszeitgesetz

☐ Betriebsverfassungsgesetz

☐ Jugendarbeitsschutzgesetz

Was ist ein Beispiel für eine mittelbare Diskriminierung?

[2 Fit-Punkte]

☐ Eine Stellenausschreibung enthält die Formulierung „gesucht wird ein Geschäftsführer".

☐ „Wir suchen junge, dynamische Leute für den Vertrieb."

☐ „Die Stelle ist als nur als Vollzeitstelle zu vergeben."

☐ „Die Tätigkeit ist mit häufig wechselnden Einsatzorten verbunden."

Jugendliche dürfen nach dem Jugendarbeitsschutz-gesetz im Allgemeinen in welcher Zeit beschäftigt wer-den …?

[2 Fit-Punkte]

☐ von 5 bis 21 Uhr

☐ von 8 bis 17 Uhr

☐ von 7 bis 19 Uhr

☐ von 6 bis 20 Uhr

Welche Behörde muss bei der Kündigung eines Schwerbehinderten zustimmen?

[2 Fit-Punkte]

☐ Versorgungsamt

☐ Integrationsamt

☐ Schwerbehindertenbeauftragter

Wie viel Prozent der Arbeitsplätze in einem Unterneh-men mit mindestens 20 Beschäftigten sind für Schwer-behinderte gesetzlich vorgesehen?

[1 Fit-Punkt]

☐ 3%

☐ 4%

☐ 5%

☐ 6%

Wie viel Prozent der Belegschaft müssen einem Streik in einer Urabstimmung zustimmen?

[1 Fit-Punkt]

☐ 90%

☐ 75%

☐ 60%

Für wen gelten – genau genommen – Tarifverträge?

[1 Fit-Punkt]

☐ für alle Beschäftigten eines Unternehmens, das einem Arbeitgeberverband angehört.

☐ für die Gewerkschaftsmitglieder eines Unternehmens, das einem Arbeitgeberverband angehört.

☐ für alle Beschäftigten eines Unternehmens, das keinem Arbeitgeberverband angehört.

Ab welcher Unternehmensgröße gilt das Montanmitbestimmungsgesetz?

[1 Fit-Punkt]

☐ mehr als 500 Beschäftigte

☐ mehr als 1000 Beschäftigte

☐ mehr als 2000 Beschäftigte

Dein Punktestand Etappe 7

[_____ Fit-Punkte

Etappe 8:
Personaleinsatz

⬤ Startschuss:
Schlagwörter und Prüfungstipps

Was erwartet mich in diesem Kapitel?

In diesem Kapitel werden der Personaleinsatz und die damit verbundenen Maßnahmen wie die Personaleinführung und die Etablierung eines Paten- oder Mentorensystems erörtert.

Welche Schlagwörter lerne ich kennen?

■ Personaleinsatz ■ Personaleinsatzplanung ■ Personaleinführung ■ Patensystem ■ Arbeitsaufnahme ■ Mentor

Wofür benötige ich dieses Wissen?

Diese Grundbegriffe sind wichtig für das Verständnis der Personaleinführung und wie Mentoren Unterstützung bei der Einarbeitung gewähren können.

Welchen Prüfungstipp kann ich aus diesem Abschnitt ziehen?

■ In Prüfungen sollte man die einzelnen Maßnahmen erläutern und beschreiben können, die dazu beitragen, dass neu Eingestellte sich schneller integrieren.

Los geht's!

Die **Personaleinsatzplanung** hat im Unternehmen einen zentralen Stellenwert; denn ohne eine optimale Personaleinsatzplanung kann es zu Engpässen und Schwierigkeiten kommen.

Man unterscheidet zwischen einer zeitpunktbezogenen und einer zeitraumbezogenen Personaleinsatzplanung. Bei der zeitpunktbezogenen Personaleinsatzplanung wird differenziert zwischen einer qualitativen und quantitativen zeitlichen Personaleinsatzplanung.

Bei der **qualitativen Personaleinsatzplanung** wird festgelegt, ob die jeweilige Person für die Aufgaben und Anforderungen der Tätigkeit infrage kommt. Bei der **quantitativen Personaleinsatzplanung** geht es vorrangig darum sicherzustellen, dass genügend Personen verfügbar sind, um den Ablauf eines betrieblichen Prozesses zu gewährleisten. Die zeitliche Personaleinsatzplanung beschäftigt sich damit, einen angemessenen Zeitplan für den Mitarbeitereinsatz und eventuelle Schichtmodelle zu erstellen. Bei der zeitraumbezogenen Einsatzplanung geht es vor allem darum festzulegen, in welchem Zeitraum ein Personalzugang oder Abgang erfolgt.

Dieser Aspekt wird ergänzt durch eine strategische Personaleinsatzplanung, die die Personalabteilung in den verschiedenen Phasen organisieren muss. In der Eingangsphase bei der Personaleinführung kommen beispielsweise Patensysteme im Unternehmen zur Anwendung, bei denen langjährige Mitarbeiter die Neulinge betreuen und ihnen das Unternehmen vorstellen.

Durch solche Maßnahmen soll eine schnellere **Integration** ermöglicht werden und eine reibungslose Anpassung an die jeweiligen Prozesse im Unternehmen gewährleistet sein. Aber auch beim generellen Personaleinsatz ist eine umfassende Planung unabdingbar, um Reibungsverluste bei der Arbeitsorganisation zu vermeiden.

Arbeitsdefinitionen

Bei der Arbeit differenziert man zwischen geistiger Arbeit, die durch kognitive Fähigkeiten, Schlussfolgerungen und andere Fertigkeiten gekennzeichnet ist. In manchen Bereichen spielt vor allem die körperliche Arbeit eine Rolle, wenn es darum geht, bestimmte Tätigkeiten auszuführen oder etwas zu produzieren.

Die Leistung eines Mitarbeiters wird bestimmt von äußeren und inneren Leistungsfaktoren. Die **inneren Leistungsfaktoren** beziehen sich überwiegend auf die Motivation, während äußere Leistungsfaktoren das soziale Umfeld und die Umgebung tangieren. Dies betrifft etwa die Arbeit und die Arbeitsanforderungen sowie das Team, in dem der jeweilige Arbeitnehmer tätig wird. Die

Teamstruktur und das Kommunikationsverhalten der Kollegen kann erheblich die Leistungsbereitschaft des Einzelnen beeinflussen. Beim Personaleinsatz hat der Betriebsrat ein Mitwirkungs- und Beschwerderecht, das in den §§ 81 und 82 des Betriebsverfassungsgesetzes näher definiert ist.

Arbeitsaufnahme

Bei der Arbeitsaufnahme kommt es darauf, dem neuen Mitarbeiter möglichst viel Unterstützung zuteil werden zu lassen, damit er sich schnell und reibungslos an die neue Umgebung gewöhnen kann und von Anfang an eine hohe Leistung erbringt. Bei neuen Arbeitnehmern im Unternehmen ist es üblich, einen **Paten** zur Verfügung zu stellen, der den Einzelnen in den ersten Wochen betreut und ihn mit den Mitarbeitern und den einzelnen Abteilungen vertraut macht.

Dabei geht es darum, eine umfassende Hilfestellung zu geben, so dass der neue Mitarbeiter möglichst schnell mit den Ressourcen und den Möglichkeiten im Unternehmen zu Rande kommt. Die Arbeitsaufnahme erfordert folglich eine umfassende **Einarbeitung**, die systematisch gestaltet werden sollte. Viele Unternehmen bieten hierfür ein Einführungsseminar an. Broschüren und Veranstaltungen ermöglichen es, den Arbeitnehmer systematisch auf seine neue Aufgabe vorzubereiten.

Bei der Einarbeitung kommt es darauf an, dem Einzelnen die Struktur des Unternehmens und die Abläufe genauer zu erklären. Entscheidend und ratsam ist es, schrittweise den neuen Mitarbeiter in die Abteilung einzuführen und ihn mit den Aufgaben zu betrauen.

Ein **Pate** oder ein **Mentor** leistet hier wertvolle Arbeit, indem er als Anlaufstelle dient und bei Schwierigkeiten beratend eingreifen kann. Auch ein Feedback ist wichtig, das den neuen Mitarbeiter motiviert und ihm aufzeigt, wo mögliche Verbesserungschancen bestehen. Die Integration in die Abteilung ist von großer Bedeutung, daher sollte der neue Mitarbeiter anfangs nicht überfordert werden, sondern Gelegenheit erhalten, sich an die neue Situation langsam und behutsam anzupassen.

☻ Zwischenstand: Fragen und Antworten

Bist du fit für die Prüfung?

Beantworte die folgenden Fragen und finde heraus, ob du die Inhalte dieser Etappe verinnerlicht hast. Die Antworten stehen online für dich bereit. Folge einfach dem QR-Code am Ende des Fragenkatalogs oder dem Link:

fit-lernhilfen.de/personal/8.htm

Addiere die Fit-Punktzahlen der korrekt beantworteten Fragen, die in der eckigen Klammer angegeben sind, und notiere diese in der Auswertung am Ende des Buches, um deinen Fitness-Stand zu errechnen.

In welche Kategorien wird die Personaleinsatzplanung eingeteilt?

[1 Fit-Punkt]

☐ zeitraumbezogen

☐ zeitpunktbezogen

☐ unternehmensbezogen

Welche Methoden gibt es bei der Personaleinführung?

[2 Fit-Punkte]

☐ Patensystem

☐ Coaching

☐ Mentoring

☐ Supervision

Hat der Betriebsrat beim Personaleinsatz ein Mitwirkungsrecht?

[2 Fit-Punkte]

☐ ja

☐ nein

Dein Punktestand Etappe 8

[_____ Fit-Punkte]

Etappe 9:
Arbeitsorganisation

Startschuss:
Schlagwörter und Prüfungstipps

Was erwartet mich in diesem Kapitel?

Die Arbeitsorganisation ist ein wichtiger Aspekt bei der Steigerung der Effizienz und der Effektivität der Prozesse.

Welche Schlagwörter lerne ich kennen?

■ Job Enlargement ■ Job Enrichment ■ Job Rotation ■ teilautonome Arbeitsgruppe ■ Humanisierung des Arbeitslebens ■ Lean Production ■ Lean Management ■ Berufsgenossenschaft ■ Heimarbeitsplatz ■ Arbeitsplatzgestaltung ■ Telecenter ■ virtuelles Unternehmen ■ Tele-Arbeitsplatz ■ Tele-Arbeitsbüro ■ Auslandseinsatz

Wofür benötige ich dieses Wissen?

Die Arbeitsorganisation hat in der Produktion einen primären Stellenwert und beeinflusst maßgeblich die Produktivität und die Innovationsfähigkeit eines Unternehmens.

Welchen Prüfungstipp kann ich aus diesem Abschnitt ziehen?

■ In Prüfungen wird häufig nach konkreten Beispielen für Job Rotation, Job Enlargement und Job Enrichment gefragt. ■ Du solltest die wichtigsten Charakteristika der teilautonomen Arbeitsgruppe nennen und erläutern können. ■ Du solltest beschreiben können, wie sich die Globalisierung auf die Unternehmensorganisation und die Entstehung von virtuellen Unternehmen auswirkt. ■ Du solltest die Vor- und Nachteile von Tele-Arbeitsplätzen nennen können.

Los geht's!

Bei der Personaleinsatzplanung spielen auch die **Arbeitsinhalte** eine wichtige Rolle. Da die Arbeitsteilung in modernen Industrieunternehmen von großer Bedeutung ist, erfordert dies eine fortschreitende Spezialisierung des einzelnen Mitarbeiters. Um zu gewährleisten, dass ein kontinuierlicher Ablauf aller Unternehmensprozesse stattfindet, müssen die Aufgaben in Teilleistungen untergliedert werden, die sorgfältig zugewiesen werden.

Der einzelne Mitarbeiter muss darüber hinaus über ein enormes Fachwissen verfügen und auch **selbstständig** Fehlerquellen erkennen können. Dies setzt unternehmerisches, umsichtiges und flexibles Denken voraus, dass Störungen schon prophylaktisch und vorausschauend beseitigt und Prozessabläufe zielgerichtet gestaltet.

Eine wichtige Möglichkeit, um die Aufgaben und die Personaleinsatzplanung zu optimieren, besteht darin, einzelne Aufgaben zu erweitern. Hierfür verwendet man die beiden Fachbegriffe Job Enlargement und Job Rotation.

▒ Beim **Job Enlargement** erfolgt eine Aufgabenerweiterung durch verschiedene Projekte und zusätzliche Anforderungen. Die Leistungsfähigkeit des Mitarbeiters muss dabei primär berücksichtigt werden, es geht aber auch darum, Arbeitsinhalte zu verbessern und das Aufgabenspektrum deutlich zu erweitern, so dass der einzelne Mitarbeiter eine abwechslungsreiche Tätigkeit erhält, die ihn herausfordert. Die Arbeitsqualität und das Aufgabenspektrum wird dadurch deutlich optimiert.

▒ Eine weitere Möglichkeit, den Personaleinsatz systematisch zu verbessern, besteht in der **Job Rotation**. Job Rotation stellt einen systematischen Wechsel des Arbeitsplatzes dar, bei dem der einzelne Arbeitnehmer zusätzliche Aufgaben erhält, die ihn herausfordern und besonders hohe Ansprüche an seine Qualifikation stellen.

Die Job Rotation hat sich in der Vergangenheit **in der Praxis** sehr bewährt, denn sie trägt dazu bei, dass das Interesse am Arbeitsplatz und an den einzelnen Anforderungen deutlich steigt. Um Job Rotation im Unternehmen implementieren zu können, ist es erforderlich, die Unternehmensstruktur und die Ablauforganisationen weitgehend transparent zu gestalten, so dass Job Rotation in allen Bereichen möglich ist.

Neben der Job Rotation gibt es noch andere Formen des systematischen Personaleinsatzes, die die Arbeitsaufgaben erweitern oder erhöhen. Hierzu gehört der Ansatz des Job Enrichments, bei dem höherwertige Arbeitsaufgaben an den einzelnen Mitarbeiter delegiert werden.

Das **Job Enrichment** ist eine Bereicherung des Aufgabenspektrums eines Arbeitsplatzes durch zusätzliche, anspruchsvolle Aufgaben mit dem Ziel der Höherqualifizierung. Durch diese Herausforderung hat der Einzelne die Chance, seine Qualifikationen, Kenntnisse und Fähigkeiten weiter zu verbessern und gezielt in der Praxis einzusetzen.

Problematisch wird das Job Enrichment **in der Praxis**, wenn die einzelnen Mitarbeiter durch die Aufgabenstellung überfordert werden oder nur eine unzulängliche Hilfestellung durch Kollegen oder die Vorgesetzten erhalten. Daher muss das Job Enrichment innerhalb der Unternehmensorganisation sorgfältig und umsichtig geplant werden, um keine Reibungsverluste bei der täglichen Aufgabenerledigung entstehen zu lassen.

Ein weiteres System, das die Arbeitsorganisation und die Verteilung erheblich verbessern kann, sind die **teilautonomen Arbeitsgruppen**, die in den siebziger Jahren in Schweden erstmals eingeführt wurden. Ähnlich wie beim Job Enrichment kommt es darauf an, die Verteilung auf mehrere Mitarbeiter vorzunehmen, die in Kleingruppen organisiert sind. Teilautonome Arbeitsgruppen kommen vor allem in der Fertigung zum Einsatz, wo man verschiedene Autonomiegrade unterscheidet.

Definition

Eine teilautonome Arbeitsgruppe befasst sich sowohl mit organisatorischen Aufgaben als auch mit der Planung und der Instandhaltung in der Produktion. Die Gruppe zählt mehrere Mitarbeiter aus verschiedenen Ebenen der Unternehmenshierarchie.

Der Ansatz der teilautonomen Arbeitsgruppe bedient sich der bekannten Formen der Arbeitsorganisation wie beispielsweise des Job Enlargements und des Job Enrichments.

Ursprünglich wurde das Konzept der teilautonomen Arbeitsgruppe in **Japan** entwickelt und wurde später in den siebziger Jahren im Rahmen des sozialwissenschaftlichen Forschungsprogramms „Humanisierung des Arbeitslebens" (HdA) rezipiert. **Toyota** hat die teilautonome Arbeitsgruppe in vielen Bereichen der Produktion etabliert. Eingebettet waren solche Projekte vor allem in den Ansatz der Lean Production, bei dem unnötige und hinderliche Ablaufprozesse eliminiert wurden zugunsten einer Verschlankung und Effizienzsteigerung in der Produktion. Flankiert wurden diese Maßnahmen durch ein Lean Management.

Die Einführung von teilautonomen Arbeitsgruppen stößt im betrieblichen Alltag bisweilen auf Widerstand, da mit dieser Methode umfassende Veränderungen in der Abläufen und der Organisation verbunden sind. Es bedarf daher eine fundierten Vorbereitung und Schulung der Belegschaft, um Reibungsverluste und Widerstände von Vornherein zu minimieren. Häufig erfolgt dies im Rahmen eines Change Mangements.

Bei einem geringen **Autonomiegrad** werden innerhalb der Gruppe nur einzelne Aufgaben gelöst, wie beispielsweise die Verteilung einzelner Aufgaben. Bei einem hohen Autonomiegrad können weitreichende Entscheidungen getroffen werden, die beispielsweise die Überstundenregelungen oder die Urlaubsplanung betreffen. Dies setzt ein hohes Maß an Teamfähigkeit, Verantwortungsbereitschaft und Kommunikationsfertigkeiten voraus.

Teilautonome Arbeitsgruppen beinhalten eine **Selbstkontrolle**, bei der gruppeninterne Sanktionen verhängt werden können, wenn sich die einzelnen Gruppenmitglieder nicht an die Vereinbarungen halten.

Insgesamt trägt die teilautonome Arbeitsgruppe **in der Praxis** zu einer erheblichen Optimierung der Produktqualität bei und verringert das Ausmaß der Abwesenheit und fördert einen hohen Teamzusammenhalt. Darüber hinaus trägt die teilautonome Arbeitsgruppe dazu bei, bei den einzelnen Mitarbeitern ein hohes Maß an unternehmerischem Denken, an Eigenverantwortlichkeit und Teamfähigkeit zu fördern.

Der Arbeitsplatz

Eine wichtige Determinante bei der Personaleinsatzplanung ist die **Ausgestaltung des Arbeitsplatzes** innerhalb des Unternehmens. Dabei wird differenziert zwischen Einzelarbeitsplätzen und Gruppenarbeitsplätzen sowie zwischen stationären und wechselnden Arbeitsplätzen.

Innerhalb der Produktion orientiert sich die Systematik der Arbeitsplätze an der Art der Fertigung, wobei man zwischen Werkstatt-, Fließ- und Gruppenfertigung differenziert. Die Gestaltung des Arbeitsplatzes hängt von einer Vielzahl von Faktoren und Anforderungen innerhalb der unternehmerischen Abläufe ab. So müssen bei der Gestaltung des Arbeitsplatzes bestimmte Parameter berücksichtigt werden.

Ein wichtiges Teilgebiet, das sich mit der Ausgestaltung des Arbeitsplatzes beschäftigt, ist die → **Ergonomie,** die bestimmte Normen festgelegt, um eine optimale Ausführung der jeweiligen Tätigkeit zu gewährleisten. Dabei spielen Faktoren wie die Arbeitsplatzhöhe, der Bewegungsbereich und das Gesichtsfeld, also der Objektraum, der von den Augen erfasst werden kann, eine entscheidende Rolle. Innerhalb der Ergonomie geht es darum, die Arbeitsmittel so zu gestalten, dass sie eine optimale Arbeit ermöglichen und die Fertigkeiten des Körpers mit einbeziehen.

Ein weiterer bedeutsamer Gesichtspunkt ist die **physiologische Arbeitsplatzgestaltung,** bei der eine Verbesserung des Wirkungsgrades angestrebt wird. Hierzu gehören Faktoren wie beispielsweise Lärm, der auf Dauer zu Gesundheitsschädigungen führen kann. Daher sollte ein besonderes Augenmerk auf den Lärmschutz gelegt werden, das Klima und die Beleuchtung. So hat man festgestellt, dass die Beleuchtungsstärke einen erheblichen Einfluss auf die Vermeidung von Fehlern in der Produktion hat. Auch Gefahrstoffe und Staub sollten vermieden werden, denn sie können erhebliche gesundheitliche Schädigungen hervorrufen.

Schwingungen und andere Einwirkungen auf den menschlichen Körper sind gesondert zu betrachten und auf ihre Gesundheitsgefährdung hin zu untersuchen. Darüber hinaus spielen psychologische Determinanten und Faktoren bei der Arbeitsplatzgestaltung eine herausragende Rolle. Hierzu gehört beispielsweise die Farbgestaltung, die eine erhebliche Wirkung auf die Stimmung des Einzelnen haben kann. Auch Musik am Arbeitsplatz hat einen gewissen Einfluss.

> Insgesamt sollte das Arbeitsumfeld **in der Praxis** sorgfältig, bewusst und optimal gestaltet werden, was beispielsweise die Farben, die Einrichtung, das Ambiente und die architektonische Struktur anbelangt. Andere Faktoren wie die Gestaltung der Räume, die Bereitstellung von Ruhezonen und Pflanzen können die Atmosphäre in einem Unternehmen beträchtlich verbessern.

Sicherheit am Arbeitsplatz

Besonderes Augenmerk sollte das Unternehmen auf die Sicherheitstechnik legen. Denn es gibt zahlreiche Schutzvorschriften, die für die Sicherheit des Arbeitsplatzes ausgelegt sind.

Zu diesen **gesetzlichen Grundlagen** gehört beispielsweise

- das Arbeitssicherheitsgesetz,
- die Arbeitsstättenverordnung,
- die Gewerbeordnung und
- das Arbeitszeitgesetz.

Flankiert werden diese Gesetze durch spezielle Vorschriften wie das Mutterschutzgesetz, das Allgemeine Gleichbehandlungsgesetz, das Schwerbehindertenrecht und das Arbeitsschutzgesetz für Jugendliche.

Der Arbeitsschutz wird von den **Berufsgenossenschaften** beaufsichtigt, die für die gesetzliche und betriebliche Unfallversicherung zuständig sind. Darüber hinaus sind auch das Gewerbeaufsichtsamt verantwortlich für die Aufsicht über die Sicherheit am Arbeitsplatz.

> Der Betriebsrat hat nach § **87 des Betriebsverfassungsgesetzes** ein Mitbestimmungsrecht bei allen Maßnahmen, die die Sicherheit

am Arbeitsplatz tangieren. Sicherheitsfragen sind auch bei Arbeitsplätzen außerhalb des Unternehmens von Bedeutung.

Deshalb differenziert der Arbeitsschutz zwischen Arbeitsplätzen außerhalb des Unternehmens sowie Telearbeitsplätzen, die aufgrund moderner Kommunikations- und Informationstechnologien an Bedeutung gewinnen und Heimarbeitsplätzen. Bei **Telearbeitsplätzen** wird unterschieden zwischen der herkömmlichen Teleheimarbeit, die in der Wohnung des Mitarbeiters erfolgt, und Telecentern, bei denen die Telearbeitsbüros ausgelagert wurden, um den Mitarbeitern das Pendeln über längere Strecken zu ersparen.

Darüber hinaus gewinnt die **mobile Telearbeit** an Bedeutung, bei der auf Note- und Netbooks, Smartphones und Tablet PCs gesetzt wird. Insgesamt wird dieses Konzept von der Idee des virtuellen Unternehmens gefördert. Dabei ist auch eine Zeitzonen übergreifende Kooperation zwischen Unternehmen möglich, die weltweit verstreut sind.

Das **virtuelle Unternehmen** gilt als die Unternehmensorganisation der Zukunft, da sie ein hohes Maß an Flexibilität und Globalisierung ermöglicht. Neben diesen Arbeitsplätzen, dem Heimarbeitsplatz und dem Tele-Arbeitsplatz, spielt auch der Arbeitsplatz im Ausland eine wichtige Rolle. So gehört es zu einer Führungslaufbahn, dass die einzelne Führungskraft für einen begrenzten Zeitraum ins Ausland versetzt wird.

Ein solches Projekt erfordert **in der Praxis** jedoch eine umfassende Vorbereitung, da die Führungskraft anschließend wieder in das Unternehmen und die Unternehmensabläufe integriert werden muss. In vielen Fällen bedeutet ein Auslandseinsatz allerdings einen Karriereknick, wenn die Reintegration in das Mutterunternehmen nicht sorgfältig vorbereitet und umgesetzt wird. Diese Wiedereingliederungsphase ist von erheblicher Bedeutung, denn die einzelne Führungskraft hat im Ausland oft den Anschluss an die Netzwerke im Heimatland verloren, so dass karrierebedingte Nachteile durchaus entstehen können. Jeder Auslandseinsatz sollte sorgfältig hinsichtlich der Vor- und Nachteile abgewogen werden. In Zukunft wird aber die internationale Erfahrung für Karrieren unabdingbar sein.

Zwischenstand: Fragen und Antworten

Bist du fit für die Prüfung?

Beantworte die folgenden Fragen und finde heraus, ob du die Inhalte dieser Etappe verinnerlicht hast. Die Antworten stehen online für dich bereit. Folge einfach dem QR-Code am Ende des Fragenkatalogs oder dem Link:

fit-lernhilfen.de/personal/9.htm

Addiere die Fit-Punktzahlen der korrekt beantworteten Fragen, die in der eckigen Klammer angegeben sind, und notiere diese in der Auswertung am Ende des Buches, um deinen Fitness-Stand zu errechnen.

Was bedeutet Job Enrichment?

[1 Fit-Punkt]

☐ eine Erweiterung der Arbeitsaufgaben

☐ ein Wechsel des Arbeitsplatzes

☐ die Übertragung von anspruchsvolleren Tätigkeiten

Welche Bereiche können teilautonome Arbeitsgruppen eigenständig regeln?

[2 Fit-Punkte]

☐ Urlaubsregelung

☐ Prämiensystem

☐ Schichtmodelle

☐ Grundvergütung

☐ betriebliche Altersversorgung

Wer ist für den Unfallschutz in Unternehmen zuständig?

[2 Fit-Punkte]

☐ Betriebsrat

☐ Berufsgenossenschaft

☐ Private Unfallversicherung

☐ Gewerbeaufsichtsamt

Welche Formen von Telearbeit gibt es?

[2 Fit-Punkte]

☐ Tele-Arbeitsbüro

☐ Telecenter

☐ Outsourcing

Wie nennt man ein Unternehmen, das auf der Grundlage von Projektarbeit weltweit über das Internet agiert?

[1 Fit-Punkt]

☐ Internetunternehmen

☐ virtuelles Unternehmen

☐ Projektunternehmen

Welche Gefahren bestehen bei der Rückkehr nach einem Auslandseinsatz?

[2 Fit-Punkte]

☐ Karriereknick

☐ mangelnde Reintegration

☐ geringere Aufstiegschancen

☐ Entfremdung vom Heimatland

Dein Punktestand Etappe 9
[_____ Fit-Punkte]

Etappe 10:
Arbeitszeitorganisation

● Startschuss:
Schlagwörter und Prüfungstipps

Was erwartet mich in diesem Kapitel?

In diesem Kapitel werden die Grundbegriffe der Arbeitszeitorganisation näher erläutert und verschiedene Modelle vorgestellt.

Welche Schlagwörter lerne ich kennen?

■ Zeitflexibilisierung ■ Mehrarbeit ■ Schichtarbeit ■ Schichtplan ■ Teilzeitarbeit ■ Job Sharing ■ Altersteilzeit ■ Sabbatical ■ Gleitzeit ■ KAPOVAZ ■ Vertrauensarbeitszeit ■ Arbeitszeitkonto ■ Work-Life-Balance ■ Abrufarbeit ■ Nachtarbeit ■ Feiertagsarbeit

Wofür benötige ich dieses Wissen?

Die Arbeitszeitflexibilisierung nimmt in der modernen Arbeitswelt immer mehr an Bedeutung zu.

Welchen Prüfungstipp kann ich aus diesem Abschnitt ziehen?

■ In Prüfungen solltest du verschiedene Arbeitszeitmodelle kennen und anhand von Praxisbeispielen anschaulich darstellen können. ■ Besonders vertraut solltest du dich mit der Teilzeitarbeit und dem Themenfeld Vereinbarkeit von Familie und Beruf vertraut machen, das an Aktualität gewinnt.

Los geht's!

Bei der Arbeitszeit gibt es unterschiedliche Möglichkeiten, sie effektiv und effizient zu organisieren. Man differenziert zwischen

▪ den herkömmlichen Formen der Arbeitszeitorganisation,

▪ modernen Zeitflexibilisierungssystemen und

▪ komplexen Systemen, die auch eine Gleitzeitregelung mit einschließen.

Die Gestaltung der Arbeitszeit unterliegt einem Mitbestimmungsrecht, das der Betriebsrat nach § **87 des Betriebsverfassungsgesetzes** geltend machen kann.

Bei der **Mehrarbeit** wird zwischen Überstunden und Sonn- sowie Feiertagsarbeit unterschieden. Normalerweise gibt es für Mehrarbeit tariflich vereinbarte Zuschläge; es müssen jedoch die Vorschriften und Restriktionen des Arbeitszeitgesetzes berücksichtigt werden. In Notfällen, wenn der betriebliche Ablauf ins Stocken gerät oder die Produktion auszufallen droht, kann der Arbeitgeber aufgrund seines Direktionsrechts Mehrarbeit anordnen.

Darüber hinaus ist in der Produktion die **Schichtarbeit** weit verbreitet. Schichtarbeit kommt vor allem in sozialen Einrichtungen (wie Krankenhäusern, Rettungsdiensten, Pflegediensten) und öffentlichen Einrichtungen (Polizei, Feuerwehr) oder in Industriebetrieben vor, die Fertigungsstraßen (Automobilindustrie) einsetzen oder Produktionsprozesse nicht unterbrechen können (Stahlherstellung, Energieversorgung). Von Nachtzeit spricht das Arbeitszeitgesetz, wenn zwischen 23 und 6 Uhr gearbeitet wird. Man differenziert zwischen mehreren Schichtmodellen, die zwei oder drei Schichten vorsehen können. Innerhalb der Personaleinsatzplanung müssen umfangreiche Schichtpläne konzipiert werden, wobei der Betriebsrat ein Mitbestimmungsrecht hat.

Modell der Schichtarbeit	Ausgestaltung
Zweischichtbetrieb	zwei Schichten täglich (Abdeckung: 16 h)
Dreischichtbetrieb	drei Schichten täglich (Abdeckung: 24 h)
Vier-/Fünfschichtbetrieb	Abdeckung: 7 Tage 24 h

Wichtig ist es, Schichtmodelle so zu strukturieren, dass die Gesundheit und das Wohlbefinden der Mitarbeiter nicht gefährdet wird. Schichtarbeit kann zu schweren Schlafstörungen, Herz- und Kreislauferkrankungen und auch zu Depressionen führen.

In konjunkturell schwierigen Zeiten kann unter Umständen Kurzarbeit angeordnet werden, die zuvor bei der Arbeitsagentur angemeldet wird. Die Kurzarbeit erfordert die Einwilligung des Betriebsrates. Für die Zeit der Kurzarbeit wird von der Arbeitsagentur ein Kurzarbeitergeld gezahlt. Nach dem Sozialgesetzbuch (SGB) setzt die Beantragung von Kurzarbeitergeld einen beträchtlichen Arbeitsausfall sowie eine Stellungnahme des Betriebsrates voraus.

Arbeitszeitflexibilisierung

Bei der Arbeitszeitflexibilisierung gab es in den vergangenen Jahren eine merkliche Veränderung und die Zahl der Modelle und Ansätze hat stark zugenommen. Es wird zwischen

- Teilzeitarbeit,
- gleitender Arbeitszeit,
- kapazitätsorientierter variabler Arbeitszeit,
- Jahresarbeitszeit und
- Vertrauensarbeitszeit

differenziert.

Formen der Arbeitszeitflexibilisierung	
Teilzeitarbeit	Vertrauensarbeitszeit
Mehrarbeit (Überstunden)	Gleitzeit
Jobsharing	Abrufarbeit
Altersteilzeit	KAPOVAZ
Geringfügige Beschäftigung	Sabbatical
Schichtarbeit	Arbeitszeitkonto

Am weitesten verbreitet **in der Praxis** ist die Teilzeitarbeit, die sich besonders hoher Beliebtheit erfreut und die Möglichkeit eröffnet, Familie und Beruf zu vereinbaren. Insbesondere in den Niederlanden ist die Teilzeitarbeit sehr weit verbreitet.

Diese Organisationsform ermöglicht es, dass ein Arbeitsplatz von zwei Mitarbeitern geteilt wird. In diesem Zusammenhang spricht man auch von Jobsharing. Problematisch ist es in der Praxis häufig, die Arbeitsaufgaben gerecht zu verteilen und entsprechende Arbeitszeitregelungen zu finden, die sich mit den Wünschen der betroffenen Arbeitnehmer vereinbaren lassen. Teilzeitarbeit ist aber auch im Rahmen flexibler Arbeitszeiten möglich, bei denen die Arbeitszeit variabel gestaltet werden kann. Es gibt inzwischen einen gesetzlichen Anspruch auf Teilzeitarbeit, die der Arbeitgeber nicht ohne Nennung von Gründen verweigern kann. Darüber hinaus hat der Betriebsrat bei der Ausgestaltung der Teilzeitarbeit ein umfassendes Mitbestimmungsrecht, das beachtet werden muss.

Gleitende Arbeitszeit

Immer stärkere Zuwendung erfährt **in der Praxis** auch die gleitende Arbeitszeit, die die Arbeitszeitflexibilisierung in der heutigen Zeit vorantreibt. Dabei wird differenziert zwischen einer Gleitzeit ohne Ausgleich und einer Gleitzeit mit Ausgleich.

Gleitende Arbeitszeit beinhaltet meist eine **Rahmenarbeitszeit**, die festlegt, wann die Arbeit generell frühestens beginnt und wann sie spätestens endet. Innerhalb dieses Rahmens können die Beschäftigten individuell ihre Arbeitszeit festlegen. Ergänzend wird eine Kernarbeitszeit bestimmt, in der die Belegschaft anwesend sein soll, damit Projekte und Einzelaufgaben sinnvoll koordiniert werden können.

Die Mitarbeiter müssen sich jedoch an die geltende Wochenarbeitszeit halten.

- Bei **einfachen Zeitmodellen** kann der Mitarbeiter nur den Beginn der Arbeit individuell wählen.

▪ Bei **flexiblen Gleitzeitsystemen** kann der Einzelne sowohl den Beginn als auch das Ende des Arbeitstags selbst festsetzen.

Häufig wird das Modell der Gleitzeit mit einem **Arbeitszeitkonto** verknüpft, bei dem ein Zeitguthaben erworben werden kann. Wurden zu wenig Arbeitsstunden geleistet, resultiert daraus eine Zeitschuld.

Viele Ansätze **in der Praxis** sehen nur Zeitguthaben vor. Dieses kann dann durch zusätzliche freie Tage verringert werden oder – sofern ein Arbeitsvertrag oder ein → Tarifvertrag dies vorsieht – vergütet werden. Im Regelfall werden Zeitwertkonten aber über → Betriebsvereinbarungen eingeführt.

Eine immer größere Verbreitung finden Zeitwertkonten, bei denen Zeitguthaben angesammelt werden können. Das vorhandene Wertguthaben kann in Form von freien Tagen genutzt werden. Problematisch sind solche Zeitwertkonten, wenn das Arbeitsverhältnis endet und das Guthaben noch nicht aufgebraucht wurde. In einem solchen Fall wird das Guthaben ausbezahlt. Personen, die die Altersgrenze für den Ruhestand erreicht haben, können das Guthaben auf ihre betriebliche Altersversorgung transferieren lassen.

Bei der Kontoführung in Zeit wird das Wertguthaben in Zeiteinheiten, beispielsweise in Stunden, festgehalten. Eine Stunde während der Arbeitsphase bleibt auch in anderen arbeitsfreien Perioden (Freistellung, Elternzeit) erhalten. Eine Kontoführung ist in Geld- oder in Zeiteinheiten möglich, wobei sich die pekuniäre Berechnung eher durchsetzt, da die Kalkulation in Geldeinheiten einfacher und flexibler ist und eine Verzinsung eingeführt werden kann.

Das Zeitwertkonto wird geführt, um dem Arbeitnehmer freie Tage zu ermöglichen, die dazu genutzt werden können, um sich einer Fortbildung zu widmen, **früher in den Ruhestand** zu gehen oder Elternzeiten zu verlängern. Gleitende Übergänge sind auch durch eine Verringerung der Arbeitszeit machbar. Bisweilen gibt es für solche Arbeitszeitkonten Restriktionen, dass beispielsweise die Freistelung nur für einen vorgezogenen Ruhestand verwendet werden kann.

Moderne Ansätze, die **in der Praxis** bislang selten vorkommen, sehen auch eine Kreditgewährung auf ein Zeitkonto vor. So könnte beispielsweise für eine Umschulung das Zeitkonto überzogen werden, während der Arbeitgeber weiterhin das Gehalt bezahlt. Das Defizit wird dann durch eine höhere Arbeitsstundenzahl wieder allmählich ausgeglichen. In sehr gefragten Berufen könnte auf diese Weise eine Finanzierung der Umschulung oder Weiterbildung durch das jeweilige Unternehmen erfolgen.

Insgesamt hat das Modell der gleitenden Arbeitszeit erheblich zur Flexibilisierung der Arbeitszeit im Unternehmen beigetragen und dazu geführt, dass auch moderne Arbeitsformen sich am Arbeitsmarkt durchsetzen konnten. Es besteht jedoch noch erheblicher Bedarf bei der Veränderung der Arbeitsorganisation.

Die Omnipräsenz des Internets und die fortschreitende Globalisierung werden dazu führen werden, dass in Zukunft auch die mobile Arbeit und damit ein höheres Maß an Flexibilisierung an Bedeutung gewinnt.

Die Work-Life-Balance

Zunehmenden Stellenwert in der Personalarbeit erlangen innovative Formen der Arbeitszeitflexibilisierung durch die Idee der Work-Life-Balance, die das Gleichgewicht zwischen Arbeit und anderen Lebensbereichen beschreibt. Dabei sollten sich beide Sphären ergänzen und unterstützen, was als „life domains facilitation" bezeichnet wird.

Für den Einzelnen ist es wichtig, einen Ausgleich zu haben und soziale Aktivitäten gebührend in den Mittelpunkt des Lebens zu rücken, um einen Gleichgewichtszustand zu erreichen. Dieses Thema wird ebenso unter dem Aspekt der Vereinbarkeit von Familie und Beruf (work family balance) diskutiert. Hierbei geht es vorwiegend um die Schaffung von flexiblen und nutzbaren Rahmenbedingungen, die es gestatten, Kindererziehung und Karrieremöglichkeiten miteinander in Einklang zu bringen. Dies setzt eine ausgebaute Infrastruktur für die Kinderbetreuung und eine entsprechende Arbeitszeitflexibilisierung und die Gewährung von Teilzeitarbeit voraus.

▓ **Jahresarbeitszeit**

Die Jahresarbeitszeit hat eine primäre Bedeutung bei der Arbeitszeitorganisation. Sie wird zum Beispiel von den Urlaubstagen und anderen Faktoren beeinflusst. Mit der Erhöhung des Rentenalters in Deutschland auf 67 Jahre hat sich die Jahresarbeitszeit im Prinzip auch verlängert, wenngleich faktisch die Zahl der Stunden durch einen früheren Eintritt in den Ruhestand eher abgenommen hat.

▓ **Kapazitätsorientierte Arbeitszeit**

Die kapazitätsorientierte Arbeitszeit wird vor allem in der Produktion angewandt und besteht im Prinzip aus einer Arbeit auf Abruf.

Die Leistung kann entsprechend der Regelung im Arbeitsvertrag abgerufen werden, was zu einer fast permanenten Arbeitsbereitschaft führen kann.

Andere Modelle der KAPOVAZ basieren auf einem Arbeitszeitrahmen, der feste Arbeitszeiten vorsieht. In bestimmten Phasen kann jedoch eine variable Arbeitszeit eingeführt werden, sofern dies aus betrieblichen Gründen, beispielsweise bei hohem Kundenandrang in der Adventszeit, erforderlich ist.

Entsprechend der gesetzlichen Regelung muss die Arbeit vom Arbeitgeber vier Tage vorher angekündigt werden, damit der Einzelne sich darauf vorbereiten kann. Ein weiteres wichtiges Konzept ist die Vertrauensarbeitszeit, bei der eine Zeiterfassung stattfindet, die jedoch einen gewissen Spielraum für den einzelnen Mitarbeiter bei der Nutzung von Zeitguthaben eröffnet.

Arbeitszeitrecht

Bei allen Konzeptionen der Arbeitszeitflexibilisierung und des Personaleinsatzes ist das Arbeitszeitgesetz zu beachten.

Das Arbeitszeitgesetz enthält umfassende Bestimmungen über die tägliche Arbeitszeit, die beispielsweise acht Stunden nicht überschreiten darf. Sie kann nur in Einzelfällen auf **zehn Stunden** erweitert werden, wenn innerhalb von sechs Kalendertagen oder innerhalb von 24 Wochen im Durchschnitt acht Stunden werktäglich nicht überzogen werden.

Auch die **Ruhepausen** sind im Arbeitszeitgesetz genau geregelt. 30 Minuten müssen gewährt werden bei einer Arbeitszeit zwischen sechs und neun Stunden. Wenn die Arbeitszeit mehr als neun Stunden beträgt, müssen 45 Minuten Ruhepause eingeplant werden. Eine Arbeitstätigkeit, die länger als sechs Stunden dauert ohne Pause ist nicht gestattet.

Darüber hinaus müssen Zeitabschnitte für die Ruhepausen mindestens 15 Minuten umfassen. Nach dem Arbeitszeitgesetz muss auch eine Ruhezeit eingeplant werden, die mindestens elf Stunden umfasst. Es gibt hiervon nur wenige Ausnahmen, die beispielsweise für soziale Einrichtungen und Krankenhäuser gelten.

Auch die **Nachtarbeit** ist vom Arbeitszeitrecht geregelt. So darf die Nachtarbeit nicht länger als acht Stunden dauern, und sie kann nur in Ausnahmefällen auf zehn Stunden verlängert werden. Dafür müssen in einem Kalendermonat oder innerhalb von vier Wochen acht Stunden an Werktagen eingehalten werden und dürfen nicht überschritten werden.

Weitere umfassende und detaillierte Regelungen bestehen für die **Sonn- und Feiertagsarbeit**. Im Prinzip dürfen Arbeitnehmer an gesetzlichen Feiertagen nicht beschäftigt werden. Es gibt jedoch Ausnahmen, wenn Produktionsarbeiten in einem Industriebetrieb beispielsweise nicht unterbrochen werden können. Eine Einschränkung besteht indes auch hier: Es müssen mindestens 15 Sonntage im Jahr freigegeben werden.

🥚 Zwischenstand:
Fragen und Antworten

Bist du fit für die Prüfung?

Beantworte die folgenden Fragen und finde heraus, ob du die Inhalte dieser Etappe verinnerlicht hast. Die Antworten stehen online für dich bereit. Folge einfach dem QR-Code am Ende des Fragenkatalogs oder dem Link:

fit-lernhilfen.de/personal/10.htm

Addiere die Fit-Punktzahlen der korrekt beantworteten Fragen, die in der eckigen Klammer angegeben sind, und notiere diese in der Auswertung am Ende des Buches, um deinen Fitness-Stand zu errechnen.

Welche Rechte hat der Betriebsrat bei der Gestaltung der Arbeitszeit?

[2 Fit-Punkte]

☐ keine

☐ ein Informationsrecht

☐ ein Mitbestimmungsrecht

In welchen Bereichen ist Schichtarbeit verbreitet?

[2 Fit-Punkte]

☐ Krankenhäuser

☐ Krankenkassen

☐ Stahlindustrie

☐ Chemische Industrie

☐ Rettungsdienste

Bei welchem Schichtbetrieb ist eine Abdeckung rund um die Uhr gewährleistet?

[2 Fit-Punkte]

☐ Zweischichtbetrieb

☐ Dreischichtbetrieb

☐ Vierschichtbetrieb

☐ Fünfschichtbetrieb

Was setzt die Beantragung von Kurzarbeit voraus?

[2 Fit-Punkte]

☐ die Notwendigkeit der Kurzarbeit

☐ eine Stellungnahme des Betriebsrats

☐ drohende Entlassungen

Was sind Beispiele für Formen der Arbeitszeitflexibilisierung?

[1 Fit-Punkt]

☐ Teilzeitarbeit

☐ Sabbatical

☐ Job Sharing

☐ Gleitzeit

Dein Punktestand Etappe 10

[_____ Fit-Punkte]

Etappe 11:
Personalführung

● Startschuss:
Schlagwörter und Prüfungstipps

Was erwartet mich in diesem Kapitel?

In diesem Kapitel werden die Grundbegriffe der Personalführung definiert und einzelne Führungskonzeptionen und -modelle näher erläutert.

Welche Schlagwörter lerne ich kennen?

■ Personalführung ■ Management ■ Führungsmittel ■ Führungsstil ■ Führungsmodell ■ Führungsinstrument ■ Top-down-Modell ■ Bottom-up-Modell ■ Management by Objectives ■ Management by Delegation ■ Management by Exception ■ Management by Systems ■ Zielvereinbarungssystem ■ Prämiensystem ■ Kritikgespräch ■ Kommunikationsmodell ■ Partizipation ■ Personalbeurteilung ■ Halo-Effekt ■ Feedback ■ Managerial Grid ■ Mobbing

Wofür benötige ich dieses Wissen?

In jeder beruflichen Laufbahn ist das Wissen über Führungsmodelle und -stile eine entscheidende und maßgebliche Schlüsselqualifikation.

Welchen Prüfungstipp kann ich aus diesem Abschnitt ziehen?

■ In Prüfungen wird häufig gefordert, die Management-by-Ansätze näher zu beschreiben. ■ An einem Praxisbeispiel sollte man darlegen können, wie eine spezifische Führungssituation bewältigt werden kann. ■ Du solltest die Auswirkungen von Mobbing im betrieblichen Alltag beschreiben und ausführlicher darlegen können.

Los geht's!

Die Personalführung und das Management haben die Aufgabe, die Arbeitsorganisation und die Führung der Mitarbeiter zu **optimieren**. Die Vorgesetzten sind daher gehalten, zur Motivation und zur Verbesserung der Leistungen beizutragen. Hierfür haben sie bestimmte Mittel, die sie situationsspezifisch einsetzen können.

Entscheidend ist **in der Praxis**, die Motivation der Mitarbeiter permanent zu steigern und auf die einzelnen Bedürfnisse und Anforderungen einzugehen. Bei der → Personalführung differenziert man zwischen Führungsmitteln, Führungsstilen und dem jeweiligen Führungskonzept.

Es gibt verschiedene Konzeptionen der Personalführung, bei denen die Führungsstile wissenschaftlich untersucht wurden. Führungsinstrumente im Alltag können vielfältig sein. Der Führungsprozess enthält jeweils einen sachlichen und einen personellen Aspekt. Die Ziele sollten innerhalb eines **Führungsmodells** genau definiert werden.

Man unterscheidet hier zwischen einem **Top-down-Modell**, bei dem von den obersten Zielen Unterziele abgeleitet werden. Das Gegenteil ist das **Bottom-up-Modell**, bei dem von unten nach oben Ziele definiert werden.

Bei den **Zielen** wird weiter aufgefächert in Formal- und Sachziele sowie Haupt- und Nebenziele, aber auch in der vertikalen Dimension in Ober- und Unterziele.

Ziele können des Weiteren dahingehend analysiert werden, ob sie sich komplementär verhalten oder als konkurrierende Ziele auftreten, die miteinander unvereinbar sind. Als dritte Kategorie gibt es indifferente Ziele, die in ihrer Struktur keinerlei Abhängigkeit oder Korrelation aufweisen. Hinsichtlich der zeitlichen Dimension wird differenziert zwischen kurzfristigen, mittelfristigen und langfristigen Zielen.

Es gibt **in der Praxis** komplexe Führungsmodelle, die verschiedene Dimensionen vorsehen. Sehr weit verbreitet sind die so genannten Management-by- Ansätze. Ein wichtiges Modell in diesem Zusammenhang ist das Management by Objectives, bei dem eine Personalführung anhand vorgegebener Ziele und Vereinbarungen erfolgt.

Insgesamt unterscheidet man beim **Management-by-Objectives-Ansatz** drei Dimensionen:

- das Zielsystem,
- die jeweilige Rahmenorganisation und
- das Kontrollsystem.

Anhand von Förder- und Beratungsgesprächen soll eine Optimierung der Zielerreichung im Unternehmen ermöglicht werden. Ein weiteres komplexes Managementmodell ist das **Management by Delegation**, bei dem Aufgaben an die einzelnen Mitarbeiter delegiert werden und deren Handlungsbereitschaft und Unternehmensverantwortung gestärkt wird. Weitere komplexe Führungsmodelle sind das **Management by Exception**, bei dem lediglich in seltenen Ausnahmefällen in die Befugnisse und die Arbeit des Mitarbeiters eingegriffen wird. Eine solche Intervention muss sorgfältig geplant und objektiv begründet sein. Sie ist nur statthaft, wenn der einzelne Mitarbeiter mit den Aufgaben überfordert ist und nicht vorankommt. Sie folgt dem Gedanken der Subsidiarität. Darüber hinaus gibt es weitere komplexe Ansätze wie beispielsweise das **Management by Systems**, bei dem das gesamte Systemumfeld in die Managementaufgaben und die Führungsverantwortung mit einbezogen werden. Weitere gängige Modelle sind das **Harzburger Modell**, bei dem gewisse Befugnisse klar definiert sind.

Führungsaufgaben müssen einer umfassenden **Kontrolle** unterzogen werden, die ermittelt, inwiefern die Führungsziele innerhalb der Organisation erreicht wurden. Hierzu bedarf es einer umfassenden Rückmeldung durch die Mitarbeiter, die die Leistungen der Führungskraft gezielt bewerten.

Zielsetzung ist es, die Kontrolle zu verbessern und auch die Zielerreichung weiter zu optimieren. Insgesamt hat das Feedback die Aufgabe, die Führungsaufgaben weiter zu verbessern und zu erweitern und neue Potenziale zu schaffen.

Für das Unternehmen ist es von entscheidender Bedeutung, ein sinnvolles Führungsmodell zu wählen, das zu den spezifischen Anforderungen der Organisation passt und die Ablauforganisationen weiter optimiert. Führungssysteme erfordern umfassende Informationen und einen Ausbau der Kommunikation. Die Information kann anhand verschiedener Möglichkeiten weiter ausgebaut werden.

> Dabei sollte man **in der Praxis** vor allem auf moderne Kommunikationsmöglichkeiten setzen, die von Systemen und den organisatorischen Strukturen vorgegeben werden. Kommunikation kann etabliert werden in Form von Gesprächen, Besprechungen und Konferenzen, die der Koordination von Aufgaben und Zielen dienen.

Bei den Gesprächen differenziert man verschiedene Arten, die einzelne Aufgaben erfüllen. Am weitesten verbreitet ist das **Mitarbeitergespräch**, das der Information, aber auch der Beratung dient. Mitarbeitergespräche können in Zielvereinbarungssysteme eingebettet werden, die bei der Vergütung als Richtlinie für die Höhe des Entgelts und eventueller Gratifikationen und Prämiensysteme dienen.

Daneben gibt es **Beurteilungsgespräche** etwa im Rahmen der Personalbeurteilung und der Personalförderung sowie **Kritikgespräche** und Vorgesetzten- und **Beförderungsgespräche**. Bei den Besprechungen unterscheidet man zwischen einer Mitarbeiterbesprechung, bei der einzelne Aufgaben geklärt oder Zuständigkeiten erörtert werden, und Expertenbesprechungen, bei denen Fachleute zur Lösung eines Problems herangezogen werden.

Bei den **Konferenzen** wiederum differenziert man zwischen Verhandlungskonferenzen, die etwa im Marketing eine wichtige Rolle spielen, oder Informations- und Problemlösungskonferenzen.

Kommunikation hat im Unternehmen einen hohen Stellenwert. In der Fachliteratur wird zwischen der nonverbalen und der verbalen Kommunikation unterschieden. Es gibt verschiedene komplexe Kommunikationsverfahren und Techniken, die im betrieblichen Alltag zum Einsatz gelangen können. Hierzu gehört beispielsweise das Harvard-Verhandlungsmodell, das eine Verhandlung zwischen verschiedenen Geschäftspartnern effizienter gestalten soll.

Einzelne **Kommunikationsmodelle** wurden beispielsweise von Paul Watzlawick entwickelt, der sich eingehender mit den einzelnen Kommunikationsaxiomen und der Grundstruktur der Kommunikation befasst hat.

Ein wichtiger Aspekt bei der Führung ist auch die Kooperation und die Delegation. **Delegation** stellt im betrieblichen Alltag eine erhebliche Arbeitserleichterung dar, wobei einzelne Aufgaben an die Mitarbeiter weitergegeben werden, die diese eigenverantwortlich bearbeiten und lösen. Durch dieses Verfahren wird die Handlungsverantwortung, das unternehmerische Denken und die Problemlösungskompetenz des einzelnen Mitarbeiters gestärkt.

Definition
Die Personalführung bezieht sich auf die Führungsmethoden, die Führungskräfte gegenüber den Mitarbeitern praktizieren und wie diese auf der jeweiligen Hierarchieebene umgesetzt und realisiert werden.

Die **Personalführung** leitet sich im Wesentlichen von der Unternehmensführung und der Corporate Identity sowie der Unternehmensphilosophie ab. Man differenziert dabei zwischen verschiedenen Führungsstilen und Managementmodellen, die sich auf unterschiedliche Motivationsansätze stützen. In der Praxis gibt es verschiedene Führungsinstrumente, die auf komplexen führungstheoretischen Konzeptionen und Analysen beruhen.

Dabei werden empirische Erkenntnisse der Psychologie berücksichtigt und komplexe Anreizsysteme geschaffen, um die Motivation der Mitarbeiter zu erhöhen.

Definition
Der Führungsstil beschreibt die Art und Weise, wie ein Vorgesetzter seinen Mitarbeiter führt. Dabei muss man unterscheiden zwischen Mitteln und → Führungstechniken, die einem Führungssystem zu eigen sind. Stile gibt es sehr unterschiedliche.

Man differenziert beispielsweise zwischen einem aufgabenorientierten Führungsstil, der die Erledigung einer Sache in den Vordergrund rückt, und einem personenbezogenen Stil, der sich auf die Person fokussiert. Bei den Führungsstilen wird unterschieden zwischen einem autoritären und einem kooperativen Führungsstil. Dieser Ansatz stammt aus der Sozialpsychologie.

Beim **autoritären Führungsstil** stehen die Kontrolle und Disziplinierung des jeweiligen Mitarbeiters im Vordergrund. Aufgrund des autoritären Führungsstils werden die Innovationsfähigkeit und die Leistungsfähigkeit des Mitarbeiters eingeschränkt.

> In modernen Unternehmen hat der autoritäre Führungsstil **in der Praxis** kaum noch eine Chance. Stattdessen dominiert der **kooperative Führungsstil**, bei dem die Delegation von Aufgaben und die Mitwirkung des Mitarbeiters im Vordergrund stehen. Dies setzt ein hohes Maß an Kooperationsfähigkeit, Teamfähigkeit und Kommunikationsvermögen voraus.

Es wurden in den vergangenen Jahren diverse moderne Ansätze für Führungsstile konzipiert; am weitesten verbreitet ist beispielsweise das so genannte **Managerial Grid**. Dieses Modell umfasst zwei Dimensionen, wobei eine Dimension die personenorientierte Führung und die andere Dimension die aufgabenorientierte Führung beschreibt. Darüber hinaus wurden weitere Konzeptionen entwickelt, die ein dreidimensionales Modell vorsehen.

Entscheidend für den Führungserfolg ist die jeweilige Autorität des Vorgesetzten, die auf einer formalen, personalen oder funktionalen Autorität beruhen kann. Die **funktionale Autorität** resultiert aus dem hohen Ansehen und dem Expertenwissen des einzelnen, wohingegen die **personale Autorität** auf der persönlichen Ausstrahlung, der Integrität und dem Charisma beruht. Die formale Autorität hingegen leitet sich aus der Position und dem Status im Unternehmen ab.

Führung ist ein komplexes Merkmal und erfordert bestimmte Eigenschaften der Persönlichkeit. Der Erfolg bemisst sich an der Effektivität und Effizienz der Führung und inwieweit im Unternehmen Arbeitszufriedenheit erzeugt wird und die Mitarbeiter auf

Dauer motiviert werden können. Auch das Betriebsklima spielt als Determinante beim Führungserfolg eine primäre Rolle.

Partizipation

> **Definition**
> Der Begriff der Partizipation beschreibt die Mitbestimmung im Unternehmen, bei der Mitarbeiter die Chance bekommen, sich aktiv an den Entscheidungen beteiligen zu können.

Partizipation ist ein wichtiges Gütekriterium für die Unternehmensorganisation, denn es stärkt die innerbetriebliche Bereitschaft, Verantwortung zu übernehmen und einen Konsens anzustreben, der von allen getragen wird.

Partizipation kann im industriellen Bereich zusätzlich auch über das betriebliche **Vorschlagswesen** realisiert werden. Dabei können Mitarbeiter Verbesserungsvorschläge einreichen, die dann entsprechend vergütet oder prämiert werden. Eine Kommission entscheidet, welche der Verbesserungsvorschläge sinnvoll sind und inwieweit sie zu einer Kosteneinsparung oder Qualitätsverbesserung beitragen. Je nach Grad der Optimierung, kann auch die entsprechende Prämie als Vergütung erhöht werden. Häufig ist das betriebliche Vorschlagswesen eingebunden in einen umfassenden **Qualitätszirkel**, dessen Hauptaufgabe darin besteht, das Qualitätsmanagement systematisch und zielgerichtet weiter zu verbessern.

Die Personalbeurteilung

Bei der Personalbeurteilung kommen unterschiedliche Kriterien zur Anwendung. Diese Beurteilungskriterien sind in mehrere Dimensionen eingeteilt. Die erste Dimension ist das Arbeitsverhalten, das hinsichtlich des Arbeitsumfangs, der Arbeitsgebiete sowie der Belastbarkeit und der Fachkenntnisse und der Verantwortungsbereitschaft des einzelnen Mitarbeiters beurteilt werden kann. Entscheidend ist auch das Sozialverhalten und die Interaktion zwischen den Kollegen. Dabei wird die Hilfsbereitschaft, die Fähigkeit zur Kooperation und die Kommunikationsbereitschaft bewertet.

Eine weitere Dimension bei der Personalbeurteilung besteht aus dem **Führungsverhalten**. Hierbei wird gemessen, ob das nötige Durchsetzungsvermögen vorhanden ist, ob der Vorgesetzte die nötige Motivationsfähigkeit besitzt und ob er die einzelnen Mitarbeiter zielgerecht und angemessen betreuen kann.

Beurteilungsfehler

Bei der Personalbeurteilung können erhebliche Fehler auftreten, die durch eine mangelnde Objektivität des Beurteilers zustande kommen. Hierzu zählt beispielsweise der Haloeffekt, bei dem der Betrachter von einem einzelnen Merkmal auf die Gesamtpersönlichkeit des zu Beurteilenden schließt.

Darüber hinaus gibt es Fehler, die durch Projektionen oder andere tiefenpsychologische Mechanismen entstehen können.

Mobbing als Führungsproblem

Ein häufiges Problem **der Praxis in den Unternehmen** ist das Mobbing, bei dem es zu schweren Folgen kommen kann. Einzelne Mitarbeiter werden durch Mobbing ausgegrenzt und erleiden psychische Schäden oder enorme Belastungen durch Angriffe und andere Formen der Aggression, die von den anderen Kollegen ausgeht.

Mobbing sollte stets unterbunden werden, da aus Mobbingsituationen Schadensersatzansprüche resultieren können. Es ist wichtig, dass das Unternehmen prophylaktisch alles unternimmt, um Mobbing zu verhindern. Dies setzt voraus, dass im Unternehmen konstruktive Konfliktlösungsmöglichkeiten etabliert werden, die auch in Krisensituationen Anwendung finden.

Eine weitere Erscheinung, die auf **Konflikte** im Unternehmen hindeutet, sind häufige Fehlzeiten. Auch Personalfluktuation, die vor allem im Servicebereich häufig auftreten kann, ist ein bezeichnendes Indiz für eine mangelnde Konfliktbereitschaft im Unternehmen und fehlende Konfliktlösungsmechanismen. Auch die innere Kündigung, die sich in einer gewissen Lethargie und Zurückhaltung des einzelnen Mitarbeiters manifestiert, deutet auf ein fehlendes oder mangelhaftes Führungskonzept hin.

Zwischenstand: Fragen und Antworten

Bist du fit für die Prüfung?

Beantworte die folgenden Fragen und finde heraus, ob du die Inhalte dieser Etappe verinnerlicht hast. Die Antworten stehen online für dich bereit. Folge einfach dem QR-Code am Ende des Fragenkatalogs oder dem Link:

fit-lernhilfen.de/personal/11.htm

Addiere die Fit-Punktzahlen der korrekt beantworteten Fragen, die in der eckigen Klammer angegeben sind, und notiere diese in der Auswertung am Ende des Buches, um deinen Fitness-Stand zu errechnen.

Welche Management-by-Ansätze gibt es?

[1 Fit-Punkt]

☐ Management by Systems

☐ Management by Turtle

☐ Management by Exception

☐ Management by Objectives

Was ist ein Managerial Grid?

[2 Fit-Punkte]

☐ ein Raster zur Darstellung von Führungstildimensionen

☐ ein Ansatz für mehrdimensionale Führungsstile

☐ ein Führungskennzahlensystem

☐ eine Form des Führungscontrolling

Was sind Charakteristika des Managments by Exception?

[2 Fit-Punkte]

☐ Intervention nur in Ausnahmefällen

☐ Prinzip der Subsidiarität

☐ Delegation von Aufgaben

Womit können Zielvereinbarungssysteme gekoppelt werden?

[2 Fit-Punkte]

☐ Arbeitszeitkonten

☐ Prämiensysteme

☐ Vergütungssysteme

Dein Punktestand Etappe 11

[_____ Fit-Punkte]

Etappe 12:
Personalentwicklung

⬤ Startschuss:
Schlagwörter und Prüfungstipps

Was erwartet mich in diesem Kapitel?

In diesem Kapitel geht um die Grundbegriffe der Personalentwicklung. Es werden verschiedene Ansätze genauer erörtert.

Welche Schlagwörter lerne ich kennen?

■ Personalentwicklung ■ Unternehmensentwicklung ■ Personalentwicklungsmaßnahme ■ Training ■ Coaching ■ Supervision ■ Training on the job ■ Training near the job ■ Training off the job ■ Fachkompetenz ■ Sozialkompetenz ■ Führungskompetenz ■ 360-Grad-Feedback ■ Mentoring ■ Assessmentcenter ■ Ausbildung ■ Weiterbildung ■ Umschulung

Wofür benötige ich dieses Wissen?

Für die Innovations- und Wettbewerbsfähigkeit ist die Personalentwicklung in einem Unternehmen von primärer Bedeutung.

Welchen Prüfungstipp kann ich aus diesem Abschnitt ziehen?

■ In Prüfungen solltest du in der Lage sein, verschiedene Personalentwicklungsmaßnahmen aufzuzählen und Praxisbeispiele zu nennen. ■ Eine Personalentwicklungsmaßnahme (beispielsweise Coaching, Training on the job oder Supervision) solltest du vertiefen.

Los geht's!

Ein weiteres wichtiges Aufgabenfeld, das in der Zukunft einen immer höheren Stellenwert einnehmen wird, besteht in der Personalentwicklung.

Definition

Die Personalentwicklung umfasst alle Maßnahmen, um die Qualifikation der Mitarbeiter zu erhalten, auszubauen und kontinuierlich zu verbessern. Die Personalentwicklungsmaßnahmen erstrecken sich auf ein ganzes Spektrum verschiedener Formen. Beispielsweise rechnet man auch die Ausbildung, die Weiterbildung, die Umschulung und das Training am Arbeitsplatz zu den Personalentwicklungsmaßnahmen. Darüber hinaus werden in einzelnen Unternehmen Supervision und zunehmend Coaching für Führungs- und Fachkräfte angeboten.

Die **Aufgaben** der Personalentwicklung bestehen darin, die Kompetenzen und Fertigkeiten der Mitarbeiter zu verbessern und zu erweitern. Die Personalentwicklung wird ergänzt durch die Organisations- und die Teamentwicklung, die eine Gesamtheit bilden.

Zu den **zu fördernden Kompetenzen** gehören die Fach-, Sozialund Methodenkompetenz. Darüber hinaus sollen Fachkenntnisse und Fertigkeiten vermittelt werden, damit die Mitarbeiter die Anforderungen im Unternehmen angemessen bewältigen können.

Beim **Training** unterscheidet man beispielsweise das Training on the job, off the job und near the job.

Supervision wurde ursprünglich der Psychotherapie entlehnt und kommt heute überwiegend in der Führungskräfteentwicklung zum Einsatz. Insbesondere das Coaching von Fach- und Führungskräften hat in den vergangenen Jahren deutlich zugenommen. Beim Coaching geht es darum, individuelle Probleme in Praxisfeldern zu lösen.

Es kommen unterschiedliche psychologische Methoden zum Einsatz, die an das vorhandene Potenzial der einzelnen Führungskraft anknüpfen und in konkreten Situationen nach akzeptablen Lösungswegen suchen. Zielrichtung jeder Personalentwicklungsmaßnahme ist es, die einzelnen Kompetenzen des Mitarbeiters gezielt und sachkundig zu fördern.

In der Fachliteratur unterscheidet man meistens zwischen Fach-, Sozial- und Führungskompetenz sowie Schlüsselqualifikationen, die in einzelnen Berufsfeldern erforderlich sind. Bevor Personalentwicklungsmaßnahmen organisiert und umgesetzt werden, ist es notwendig eine umfassende Personalbeurteilung durchzuführen.

Heute **gängige Maßnahmen für die Personalbeurteilung** sind

- das → Assessmentcenter, das auch als Förder-Assessmentcenter implementiert sein kann,
- das 360-Grad-Feedback und andere Formen wie beispielsweise
- persönliche Interviews und
- eine umfassende Mitarbeiterbefragung.

Bei der Analyse der Personalbeurteilungsergebnisse ist es wichtig, gezielt Personalentwicklungsmaßnahmen herauszusuchen, die für den einzelnen Mitarbeiter geeignet sind und eine Optimierung der entsprechenden Leistungen und des Potenzials darstellen. Darüber hinaus gelten Teamentwicklung und Teammanagement sowie Mentoring und Patensysteme als Erweiterung der klassischen Personalentwicklung.

Die **strategische Personalentwicklung** in einem Unternehmen trägt maßgeblich zur Verbesserung der Wettbewerbsfähigkeit bei. Denn in einem rohstoffarmen Land wie Deutschland sind Schlüsselqualifikationen und hohe Kompetenzen die entscheidende Basis für eine weiter steigende Wettbewerbsfähigkeit in einer wachsenden Weltwirtschaft.

Zwischenstand: Fragen und Antworten

Bist du fit für die Prüfung?

Beantworte die folgenden Fragen und finde heraus, ob du die Inhalte dieser Etappe verinnerlicht hast. Die Antworten stehen online für dich bereit. Folge einfach dem QR-Code am Ende des Fragenkatalogs oder dem Link:

fit-lernhilfen.de/personal/12.htm

Addiere die Fit-Punktzahlen der korrekt beantworteten Fragen, die in der eckigen Klammer angegeben sind, und notiere diese in der Auswertung am Ende des Buches, um deinen Fitness-Stand zu errechnen.

Welche Formen des Trainings werden unterschieden?

[1 Fit-Punkt]

☐ Training on the job

☐ Training off the job

☐ Training around the job

☐ Training near the job

Was ist Coaching?

[2 Fit-Punkte]

☐ eine Seminarmethode

☐ eine Form des Controlling

☐ ein Ansatz in der Psychotherapie

☐ eine konstruktive Führungskräfteentwicklung

Welche Kompetenzen können unterschieden werden?

[2 Fit-Punkte]

☐ Führungskompetenz

☐ Fachkompetenz

☐ Sozialkompetenz

☐ Methodenkompetenz

☐ Amtskompetenz

Dein Punktestand Etappe 12

[_____ Fit-Punkte]

Etappe 13:
Personalverwaltung

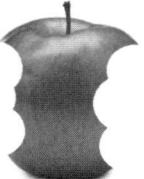

⬤ Startschuss:
Schlagwörter und Prüfungstipps

Was erwartet mich in diesem Kapitel?

In diesem Kapitel werden mehrere Aspekte der Personalverwaltung behandelt, die zwar lediglich den administrativen Teil des Personalmanagements darstellt, aber in keinem Unternehmen fehlen darf.

Welche Schlagwörter lerne ich kennen?

■ Personalverwaltung ■ Personaldaten ■ Personalinformationssystem ■ Datenschutz ■ Personalakte ■ Employee Self Service ■ Dokumentenmanagementsystem ■ Workflow-Managementsystem ■ Fehlzeitenverwaltung

Wofür benötige ich dieses Wissen?

Die Personalverwaltung ist das Alltagsgeschäft der Personalabteilung. Insbesondere der Datenschutz gewinnt immer mehr an Bedeutung.

Welchen Prüfungstipp kann ich aus diesem Abschnitt ziehen?

■ In Prüfungen wird häufig gefordert, einen Überblick über die einzelnen Bereiche der Personalverwaltung zu geben. ■ Du solltest dich intensiver mit Fragen des Datenschutzes befassen.

Los geht's!

Ein klassischer Bereich der → Personalwirtschaft ist die → Personalverwaltung, die administrative Aufgaben des Personalwesens wahrnimmt.

Definition

Die Personalverwaltung umfasst eine Vielzahl von Aufgaben wie beispielsweise die gesamte Abwicklung der Korrespondenz, die Erstellung von Stellenausschreibungen, die Verwaltung von Bewerbungsunterlagen, die Entgeltabrechnung, die Lohnsteueranmeldung und andere essenzielle Aufgaben.

Unterstützend sind in der Personalverwaltung **Informationssysteme**, die die Administration und Verarbeitung der Personaldaten erheblich erleichtern und systematisieren.

Moderne Personalinformationssysteme ermöglichen eine elektronische und systematische Organisation von Personalakten und die Verwaltung von Abrechnungsdaten, wie sie für die Personalentlohnung erforderlich sind.

Zu den **Basisaufgaben von Personalinformationssystemen** gehören neben

- der Personalabrechnung und
- der Zeitermittlung (Fehlzeitenverwaltung)
- die allgemeine Personalverwaltung,
- die → Personalplanung,
- die Administration der Stammdaten der → Belegschaft und
- die Personalberichterstattung in Form von automatisierten Auswertungen und Personalstatistiken.

Darüber hinaus gestatten **innovative Personalinformationssysteme** die Weiterleitung von abrechnungsrelevanten Daten beispielsweise an die Krankenkassen und an die Berufsgenossenschaften.

Durch die Verknüpfung mit anderen Systemen kann eine umfassende Datenintegration und eine automatisierte Verarbeitung von Daten ermöglicht werden.

Inzwischen können Personalinformationssysteme **in der Praxis** auch Aufgabenbereiche der Personalentwicklung und der systemischen Organisationsentwicklung übernehmen. Darüber hinaus befasst sich die Personalverwaltung auch mit der Personalbetreuung im engeren Sinne, die innerhalb des Unternehmens eine Dienstleistung darstellt.

Personalbetreuung erschöpft sich nicht im Sozialwesen. Vielmehr kann Personalbetreuung auch andere Maßnahmen wie etwa einen werksärztlichen Dienst oder die Errichtung einer betrieblichen Kindertagesstätte umfassen.

Personalakten werden heutzutage **in der Praxis** überwiegend elektronisch geführt. Vor allem in Großunternehmen bietet die elektronische Personalakte erhebliche Vorteile, da sie in das vorhandene Dokumentenmanagementsystem und in Workflow-Managementsysteme eingefügt werden kann, was Ablaufprozesse beträchtlich vereinfacht und beschleunigt. Elektronische Akten können kostengünstig archiviert und nach Schlüsselbegriffen durchsucht werden.

Personalakten enthalten die Bewerbungsunterlagen, den Arbeitsvertrag, Sozialversicherungsunterlagen, Bescheinigungen und Zertifikate (bei Qualifizierungsmaßnahmen), andere Unterlagen und Korrespondenz. Auch Abmahnungen und Gegendarstellungen werden der Personalakte beigefügt. Abmahnungen müssen aber nach einer bestimmten Phase des Wohlverhaltens aus der Personalakte entfernt werden. Die Rechtsprechung ist nicht einheitlich; es wird von einem Zeitraum von zweieinhalb Jahren ausgegangen. Der Arbeitnehmer hat grundsätzlich ein umfassendes Einsichtsrecht, das auch unbegründet wahrgenommen werden kann. Bei der Einsichtnahme können ein Rechtsanwalt, der Betriebsrat und – sofern dies relevant ist – die Schwerbehindertenvertretung hinzugezogen werden. Die Personalakte darf aber Dritten (dem Betriebsrat oder Personalrat) nicht ohne Zustimmung des Betroffenen zugänglich gemacht werden.

Einige Unternehmen haben **in der Praxis** den so genannten Employee Self Service (ESS) eingeführt, bei dem der Mitarbeiter Daten selbstständig in das System eintragen und aktualisieren kann. Dieses Verfahren entlastet die Personalabteilung, da der Beschäftigte auf diese Weise selbst Adressänderungen, Urlaubsanträge, Anmeldungen für Seminare oder Bewerbungen für innerbetriebliche Stellenausschreibungen eingeben kann.

Der Employee Self Service ist vom Intranet des Unternehmens oder über eine Schnittstelle im Internet, die von Zuhause aus erreicht werden kann, zugänglich. Solche Systeme sehen Zugriffsbeschränkungen vor und unterziehen die eingegebenen Daten einer Plausbilitätsprüfung, um zu verhindern, dass Formularfelder irrtümlich falsch ausgefüllt werden.

Bei Unternehmen, die mehr als fünf Beschäftigte haben und eine automatisierte Personalverwaltung vornehmen, muss ein Datenschutzbeauftragter ernannt werden.

Zwischenstand:
Fragen und Antworten

Bist du fit für die Prüfung?

Beantworte die folgenden Fragen und finde heraus, ob du die Inhalte dieser Etappe verinnerlicht hast. Die Antworten stehen online für dich bereit. Folge einfach dem QR-Code am Ende des Fragenkatalogs oder dem Link:

fit-lernhilfen.de/personal/13.htm

Addiere die Fit-Punktzahlen der korrekt beantworteten Fragen, die in der eckigen Klammer angegeben sind, und notiere diese in der Auswertung am Ende des Buches, um deinen Fitness-Stand zu errechnen.

Was sind Beispiele für die Aufgaben in der Personalverwaltung?

[2 Fit-Punkte]

☐ Erfassung der Daten für die gesetzliche Krankenversicherung

☐ Verwaltung der Personalakten

☐ Erstellung von Controlling-Kennzahlen

Was ist ein Personalinformationssystem?

[2 Fit-Punkte]

☐ ein System zur Verwaltung von Personaldaten

☐ eine Datenbank im Internet

☐ häufig ein Modul in einem Gesamtpaket

**Dein Punktestand Etappe 13
[_____ Fit-Punkte]**

Etappe 14:
Personalfreisetzung

⬤ Startschuss:
Schlagwörter und Prüfungstipps

Was erwartet mich in diesem Kapitel?

In diesem Kapitel befassen wir uns mit der Personalfreisetzung. Es werden verschiedene Ansätze vorgestellt, die in der betrieblichen Praxis zur Anwendung kommen, wie beispielsweise das → Outplacement.

Welche Schlagwörter lerne ich kennen?

■ Personalfreisetzung ■ Outplacement ■ Kündigung ■ Aufhebungsvertrag ■ Abfindung ■ Kündigungsschutzgesetz ■ Sozialplan ■ Freistellung

Wofür benötige ich dieses Wissen?

Eine umfassende Kenntnis ist unerlässlich, wenn Sie selbst in einer Personalabteilung arbeiten, um Freisetzungen sozialverträglich zu gestalten.

Welchen Prüfungstipp kann ich aus diesem Abschnitt ziehen?

■ Du solltest die unterschiedlichen Kündigungsgründe und das Verfahren des Kündigungsschutzes kennen. ■ Du solltest an einem Praxisbeispiel veranschaulichen können, wie ein Outplacementberater arbeitet.

Los geht's!

Die Personaleinsatzplanung spielt auch bei der Personalfreisetzung eine primäre Rolle. Der Abbau von Arbeitsplätzen ist stets eine schwierige und für alle Beteiligte unangenehme Aufgabe. Die Personalabteilung kann durch eine umsichtige Organisation solche Prozesse gestalten und soziale Härten abfedern. Wichtig ist dabei auch die Beachtung aller rechtlichen Aspekte beispielsweise bei der

Ausgestaltung von Aufhebungsverträgen, Abfindungen und Sozialplänen. Hierzu gehören Aspekte wie die Altersrente, die Altersteilzeit, der Vorruhestand sowie die Organisation von Kurzarbeit bei Problemen auf dem Arbeitsmarkt.

Bei der **Kündigung** wird zwischen fristgemäßen (ordentlichen) und fristlosen (außerordentlichen) Kündigungen unterschieden, die aus wichtigem Grund erfolgen können. Ein wichtiger Grund ist dann gegeben, wenn eine Fortsetzung des Vertragsverhältnisses aufgrund eines schwerwiegenden Vorfalls bis zum Ablauf einer Kündigungsfrist für den Arbeitgeber unzumutbar ist. Hierbei handelt es sich um gravierende Vorkommnisse (wie Spionage, Sabotage, Gewalt, Unterschlagung, andere strafbare Handlungen), die eine fristlose Kündigung rechtfertigen. Eine solche außerordentliche Kündigung ist nur dann statthaft, wenn sie innerhalb von zwei Wochen nach dem Vorfall ergeht. Das Arbeitsgericht kann, wenn es den Vorfall als nicht gravierend betrachtet, die Kündigung in eine fristgemäße umwandeln oder für unzulässig erklären.

Bei einem **Aufhebungsvertrag** einigen sich der Mitarbeiter und der Arbeitgeber darauf, das Arbeitsverhältnis einvernehmlich aufzuheben. In der Praxis wird dieses Verfahren verwendet, um einen Stellenabbau ohne Prozesse vor dem Arbeitsgericht durchzuführen. Dafür werden bei Aufhebungsverträgen höhere Abfindungen zugesagt, wenn der Mitarbeiter sich verpflichtet, auf eine Kündigungsschutzklage zu verzichten.

> Das **Kündigungsschutzgesetz (KSchG)** gilt für Unternehmen mit mehr als zehn Beschäftigten, die eine Vollzeitstelle haben.

Der **Kündigungsschutz** wird nur auf Arbeitsverhältnisse angewandt, die länger als sechs Monate bestehen. Diese Frist ist unabhängig von einer Probezeit, da diese nur die Kündigungsfrist, aber nicht den Kündigungsschutz beeinflusst. Die Kündigung muss immer schriftlich erfolgen. Ein mündliche Kündigung oder eine Kündigung per E-Mail ist unwirksam.

Gesetzlich sind nur **drei Kündigungsgründe** anerkannt:

- verhaltensbedingte Kündigung
- betriebsbedingte Kündigung
- personenbedingte Kündigung

Eine **verhaltensbedingte Kündigung** kann bei einem Fehlverhalten ausgesprochen werden. Bei einem weniger gravierenden Fehlverhalten (häufiges Zuspätkommen und ähnliches) kann eine ordentliche Kündigung nur dann erfolgen, wenn zuvor abgemahnt wurde. Einige Mitarbeiter klagen daher bereits gegen eine Abmahnung, da eine Aufhebung der Abmahnung vor Gericht eine Kündigung erschwert.

> **Abmahnungen** müssen die Verhaltensweise konkret und detailliert beschreiben und Zeugen benennen. Eine Abmahnung ist nur zeitnah möglich und darf sich nur auf abmahnbares Verhalten beziehen. Kontrovers diskutiert wird, inwieweit das Nichteinhalten einer Kleiderordnung eine Abmahnung auslösen kann. Keinesfalls abmahnbar sind Verhaltensweisen, die sich in der Freizeit oder am Wochenende zutragen. Der Abgemahnte kann darauf bestehen, dass der Personalakte eine Gegendarstellung beigefügt wird.

Bei einer verhaltensbedingten Kündigung kann die Arbeitsagentur eine Sperrfrist für die Auszahlung des Arbeitslosengeldes verhängen.

Eine **betriebsbedingte Kündigung** beruht auf einer Werksschließung, der Umorganisation einer Abteilung oder anderen betrieblichen Änderungen, die durch Wirtschaftskrisen und Umsatzeinbrüche verursacht werden können. Bei einer betriebsbedingten Kündigung muss der Arbeitgeber eine Sozialauswahl vornehmen, die sich an den Kriterien der Dauer der Betriebszugehörigkeit, dem Lebensalter, möglichen Unterhaltspflichten sowie einer Schwerbehinderung orientiert.

Eine **personenbedingte Kündigung** bezieht sich auf Gründe, die in der Person des Betreffenden liegen und von ihm nicht beeinflusst oder unmittelbar verändert werden können (Krankheit, Sucht).

Die Kündigungsschutzklage des Arbeitnehmers muss innerhalb von drei Wochen beim zuständigen Arbeitsgericht eingereicht werden. Beim Versäumen dieser Frist ist eine Wiedereinsetzung in den vorigen Stand nur in extrem seltenen Fällen möglich. Wird die Dreiwochenfrist überschritten, gilt die Kündigung als wirksam.

Arbeitnehmer bieten während des Verfahrens ihre Arbeit dem Arbeitgeber an und versetzen ihn dadurch in den so genannten Annahmeverzug.

> Kündigungen dürfen **in der Praxis** nicht gegen das Allgemeine Gleichbehandlungsgesetz verstoßen. Bestimmte Personengruppen genießen einen Kündigungsschutz. Dies trifft auf Schwangere, Betriebsratsmitglieder, Schwerbehinderte, Arbeitnehmer in Elternzeit und Mitarbeiter zu, denen tarifvertraglich ein Kündigungsschutz zugesichert wurde.

Eine Kündigung kann auch unwirksam sein, wenn der Betriebsrat nicht vorher konsultiert wurde, ihr nicht zustimmt und – bei einer betriebsbedingten Kündigung – ein Arbeitsplatz an anderer Stelle im Unternehmen in Frage käme.

Um Streitigkeiten vor dem Arbeitsgericht zu vermeiden, beauftragen Unternehmen eine → **Outplacementberatung**. Diese berät bei der Gestaltung des Aufhebungsvertrags und ist den Gekündigten bei der Entwicklung einer Bewerbungsstrategie und bei der Platzierung in einem neuen Unternehmen behilflich. Die Outplacementberatung kann auch als Zusatz in einem Sozialplan vereinbart werden. Während früher Outplacementberatungen fast ausschließlich für Führungskräfte herangezogen wurden, denen dann für die Bewerbungsphase ein eigenes Büro in der Outplacementberatung zustand, werden heute auch die Mitarbeiter anderer Hierarchieebenen professionell betreut.

> Der Kündigungsschutz gilt nicht in **Tendenzbetrieben**. Hierzu zählen vor allem kirchliche Einrichtungen (wie Kindergärten, Krankenhäuser, Pflegeheime, Sozialstationen), Redaktionen von Zeitungen, Fernsehsendern und Parteien. In diesen Betrieben ist eine Kündigung ohne Kündigungsschutz möglich. Auch ein Streikrecht gibt es in Tendenzbetrieben nicht. In jüngster Zeit wurde dies jedoch von einigen Gerichten in Frage gestellt.

⬤ Zwischenstand:
Fragen und Antworten

Bist du fit für die Prüfung?

Beantworte die folgenden Fragen und finde heraus, ob du die Inhalte dieser Etappe verinnerlicht hast. Die Antworten stehen online für dich bereit. Folge einfach dem QR-Code am Ende des Fragenkatalogs oder dem Link:

fit-lernhilfen.de/personal/14.htm

Addiere die Fit-Punktzahlen der korrekt beantworteten Fragen, die in der eckigen Klammer angegeben sind, und notiere diese in der Auswertung am Ende des Buches, um deinen Fitness-Stand zu errechnen.

Welche Kündigungsgründe gibt es?

[1 Fit-Punkt]

☐ betriebsbedingte Kündigung

☐ verhaltensbedingte Kündigung

☐ personenbedingte Kündigung

☐ altersbedingte Kündigung

Was bedeutet der Begriff „Annahmeverzug"?

[2 Fit-Punkte]

☐ Sie haben eine Jobalternative zu spät angenommen.

☐ Sie haben den Aufhebungsvertrag zu spät unterschrieben.

☐ Sie haben dem Arbeitgeber Ihre Arbeit während des Verfahrens angeboten.

☐ Sie haben die Abfindung zu spät akzeptiert und dadurch verloren.

Was macht ein Outplacementberater?

[2 Fit-Punkte]

☐ Beratung bei der Gestaltung des Aufhebungsvertrags

☐ Beratung bei der Erstellung von Bewerbungen

☐ Zurverfügungstellung eines Büros

☐ Platzierung bei einem anderen Unternehmen

Wann ist eine außerordentliche Kündigung möglich?

[1 Fit-Punkt]

☐ aus schwerem Grund

☐ Sabotage

☐ häufiges Zuspätkommen

☐ häufige Erkrankung

☐ Werksspionage

Unter welchen Bedingungen ist eine Abmahnung möglich?

[2 Fit-Punkte]

☐ genauer Zeitpunkt und Datum

☐ genaue Beschreibung des Verhaltens

☐ abmahnbares Verhalten

☐ Zeugen

☐ Abmahnung innerhalb von 2 Monaten

☐ Abmahnung innerhalb von 2 Wochen

☐ eine Gegendarstellung ist möglich

☐ eine Gegendarstellung ist nicht möglich

☐ gegen die Abmahnung kann geklagt werden

Dein Punktestand Etappe 14
[_____ Fit-Punkte]

Etappe 15:
Personalcontrolling

⚙ Startschuss:
Schlagwörter und Prüfungstipps

Was erwartet mich in diesem Kapitel?

In diesem Kapitel wird das Personalcontroling thematisiert, das der effizienten und effektiven Steuerung des Personals dient. Controlling bedeutet nicht im Eigentlichen Kontrolle, sondern auch eine innovative Weiterentwicklung der Human Resources anhand von Kennzahlen und Auswertungen.

Welche Schlagwörter lerne ich kennen?

■ Personalcontrolling ■ Prozess ■ Effizienz ■ Effektivität ■ Kennzahlen ■ Wertschöpfungsprozess ■ Input ■ Output ■ Human-Resources-Portfolio

Wofür benötige ich dieses Wissen?

Viele Unternehmen sind angesichts des globalen Wettbewerbs darauf angewiesen, das Personal so optimal wie möglich einzusetzen. Das Personalcontrolling leistet hierzu einen wertvollen Beitrag und ermöglicht es, anhand von Kennzahlen den Personaleinsatz und die personalwirtschaftlichen Funktionen weiter zu verbessern.

Welchen Prüfungstipp kann ich aus diesem Abschnitt ziehen?

■ In Prüfungen solltest du einen Überblick über das Personalcontrolling geben können und in der Lage sein, die beiden Schlüsselbegriffe „Effizienz" und „Effektivität" zu definieren. ■ Vereinzelt werden auch Kennzahlen abgefragt.

Los geht's!

Ein zunehmend wichtiges Themenfeld in der → Personalwirtschaftslehre, das bei Experten immer mehr Beachtung findet, ist
das Personalcontrolling.

> **Personalcontrolling** ermöglicht die systematische Kontrolle
> und Weiterentwicklung des personalwirtschaftlichen Einsatzes
> anhand von Kennzahlen und wird je nach Zeithorizont in ein
> operatives, taktisches und strategisches Personalcontrolling un-
> tergliedert.

Im Mittelpunkt steht die **Steigerung der Arbeitsproduktivität**
und der Arbeitsleistungen durch einen zielgerechten und adäquaten
Einsatz des Personals. Dabei werden unterschiedliche Kennzahlen
ermittelt, um die Effektivität und Effizienz des Personaleinsatzes
sicher zu messen.

Das Personalcontrolling nimmt eine Koordinationsfunktion wahr
und dient der Steuerung des Personaleinsatzes. In der Fachliteratur
unterscheidet man eine Aufbau- und eine Ablauforganisationen, die
sich in der Prozessorganisation widerspiegelt. Das Controlling hat
die Aufgabe, diese Prozess- und Aufbauorganisation systematisch
zu optimieren und weiter zu entwickeln.

Auch die **Organisation von Projekten** wird maßgeblich begleitet
von der Personalorganisation, und man spricht daher vom Personalmanagement in Einzelprojekten. Die optimale Organisation der
Arbeitsprozesse setzt eine Systematisierung voraus, die zwischen
primären und sekundären Prozessen differenziert.

Primäre Prozesse in der Arbeitsorganisation sind jene Abläufe, die
vorrangig zum Wertschöpfungsprozess des Unternehmens beitragen. Als sekundäre Prozesse werden hingegen Abläufe betrachtet,
die vor allem der Verwaltung des Unternehmens zugute kommen
und in erster Linie als Kostenfaktor wahrgenommen werden.

In modernen Unternehmen kommt es darauf an, **sekundäre Prozesse** in primäre Prozesse umzuwandeln oder zumindest deren
Kosten zu senken, damit der Wertschöpfungsprozess des Unternehmens im Mittelpunkt aller Bemühungen steht.

> **Definition**
>
> Das Personalcontrolling dient dazu, die Effizienz und die Effektivität der Personalabteilung und des Personaleinsatzes zu erhöhen. Es wird in der Theorie zwischen strategischem, taktischem und operativem Personalcontrolling unterschieden.

Einen Aspekt des Controlling bildet das **Effektivitätscontrolling**, das die Zielerreichung in Relation zur Zielvorgabe setzt und sich auf den Erfolgsaspekt fokussiert. Darüber hinaus gibt es ein Effizienzcontrolling, das einen Quotienten aus Output und Input bildet, und darüber hinaus ist es möglich, eine Kostenebene zu definieren, bei der die effektiven Kosten durch die minimalen Kosten dividiert werden. Das Effizienzcontrolling stellt den Wirtschaftlichkeitsaspekt in den Vordergrund.

Das Personalcontrolling erschöpft sich nicht in der Kontrolle, sondern bezieht sich vielmehr vorrangig auf die **Weiterentwicklung der Personalwirtschaftsfunktionen** unter Beachtung der Effektivität und Effizienz mit Hilfe von Kennzahlen. Dabei geht es weniger um Überwachung, sondern um eine Zukunftsorientierung, d.h. um eine Weiterentwicklung der Potenzials der Human Resources.

Zur weiteren Verfeinerung der Controllinginstrumente werden **Szenariotechniken** herangezogen, die Personaltrends im Unternehmen unter bestimmten Hypothesen simulieren können. Auf diese Weise kann die strategische Unternehmensentwicklung unterstützt werden. Das Personalcontrolling bedient sich sowohl quantitativer als auch qualitativer Personaldaten, um einen umfassenden Überblick über den Stand der personalwirtschaftlichen Funktionen zu erhalten und die Wertschöpfung zu optimieren.

- **Quantitative Daten**, die in aggregierter Form oder als Einzeldaten vorliegen können, beziehen sich beispielsweise auf die Personalkosten, die nach der Kosten- und Leistungsrechnung weiter systematisiert und aufgeschlüsselt werden können, auf die Produktivität, Leistungskennziffern, den Personalbestand und andere Größen.

- **Qualitative Personaldaten** erfassen die Motivationshöhe, die Mitarbeiterzufriedenheit, das Betriebsklima und die vorhandenen Kompentenzen sowie andere qualitative Parameter, die die Ertragskraft eines Unternehmens beeinflussen.

Das Personalcontrolling veranschaulicht die Aufgaben ähnlich wie das Vier-Quadranten-Modell im Marketing anhand eines Human-Resources-Portfolios.

Das **Humanressourcenportfolio** besteht aus zwei Dimensionen, bei denen es sich um das Verhalten und das Entwicklungspotenzial der Mitarbeiter handelt. Das Diagramm wird in vier Quadranten untergliedert. Dabei unterscheidet man als Kategorien „leistungsschwache Mitarbeiter", „Arbeitstiere", „Stars" und „Problemfälle".

Diese Differenzierung **soll in der Praxis** dazu beitragen, die Personaleinsatzplanung für den einzelnen Mitarbeiter zu optimieren und die Effizienz und Effektivität des Personalmanagements zu verbessern. Leistungsschwache Mitarbeiter müssen stärker gefördert und in die Personalentwicklung mit einbezogen werden. Arbeitstiere hingegen werden durch ein besseres Führungsmodell vorrangig angespornt, während Problemfälle eine umfassende Einzelbetreuung benötigen. Spitzenkräfte und High Potentials hingegen werden in das Nachwuchskräfteprogramm mit einbezogen und sollten eine besondere Förderung erhalten, die ihren Fähigkeiten, ihren Qualifikationen und Kompetenzen gerecht wird.

⏺ Zwischenstand: Fragen und Antworten

Bist du fit für die Prüfung?

Beantworte die folgenden Fragen und finde heraus, ob du die Inhalte dieser Etappe verinnerlicht hast. Die Antworten stehen online für dich bereit. Folge einfach dem QR-Code am Ende des Fragenkatalogs oder dem Link:

fit-lernhilfen.de/personal/15.htm

Addiere die Fit-Punktzahlen der korrekt beantworteten Fragen, die in der eckigen Klammer angegeben sind, und notiere diese in der Auswertung am Ende des Buches, um deinen Fitness-Stand zu errechnen.

Was bedeutet Controlling? [1 Fit-Punkt]

☐ die Kontrolle der Beschäftigten

☐ die Optimierung anhand von Kennzahlen

☐ die Analyse von Kennzahlen

Was bedeutet Effektivität? [2 Fit-Punkte]

☐ die Dinge richtig tun

☐ die richtigen Dinge tun

Ein Human-Resources-Portfolio ist ein ...? [2 Fit-Punkte]

☐ Arbeitsplatzmodell

☐ ein Vergütungssystem

☐ ein Vier-Quadranten-Modell

Dein Punktestand Etappe 15

[_____ Fit-Punkte]

Etappe 16:
Personalvergütung

Startschuss: Schlagwörter und Prüfungstipps

Was erwartet mich in diesem Kapitel?

In diesem Kapitel werden die Vergütungssysteme und moderne Entwicklungen in diesem Bereich dargestellt.

Welche Schlagwörter lerne ich kennen?

■ Personalvergütung ■ Lohn ■ Gehalt ■ Prämien ■ Tantiemen ■ Gratifikation ■ Unternehmensbeteiligung ■ Bruttoentgelt ■ Nettoentgelt ■ Personalbasiskosten ■ Lohngestaltung ■ Lohnhöhe ■ Personalzusatzkosten ■ Tarifvertrag ■ Arbeitsbewertung ■ Rangfolgeverfahren ■ Lohngruppenverfahren ■ Genfer Schema ■ Gehaltsgruppe ■ Arbeitsplatzbewertung ■ Akkordlohn ■ Zeitlohn ■ geldwerte Leistungen

Wofür benötige ich dieses Wissen?

Vergütungssysteme spielen im betrieblichen Alltag eine wichtige Rolle. In den vergangenen Jahren wurden immer mehr neue Ansätze (z.B. bei der Unternehmensbeteiligung) eingeführt.

Welchen Prüfungstipp kann ich aus diesem Abschnitt ziehen?

■ In Prüfungen solltest du einen Überblick über das gesamte Themengebiet haben. ■ Du solltest wissen, welche besonderen Formen der Vergütung es gibt.

Los geht's!

Die Personalvergütung umfasst alle Formen der Vergütung der Arbeitsleistung der Arbeitnehmer. Hierzu gehören neben Leistungen in Geld wie beispielsweise Gehälter, Löhne, Zulagen und Gratifikationen auch **geldwerte Leistungen** wie etwa die Nutzung von Handys, Notebooks, Smartphones, Dienstfahrzeugen und andere Vergünstigungen.

Das Entgelt ist häufig der Überbegriff für die Vergütung. Aus der Sicht der Kostenrechnung spielen vor allem die Personalkosten eine wichtige Rolle. Man differenziert zwischen Personalbasiskosten wie beispielsweise Löhnen und Gehältern auf der einen Seite und Personalzusatzkosten, die gesetzlich, tarifvertraglich oder freiwillig gewährt werden. Bei den Entgelten wird darüber hinaus differenziert zwischen Bruttoentgelten und Nettoentgelten.

> Der Betriebsrat verfügt bei der Lohngestaltung über ein **Mitbestimmungsrecht**, das in § 87 Abs. 1 Nummer 10 des Betriebsverfassungsgesetzes verankert ist. Bei der Lohnhöhe wird differenziert zwischen der absoluten Lohnhöhe, die durch Vereinbarungen oder Tarifverträge determiniert ist, und relativen Lohnhöhen, bei denen nur Lohnsätze von vornherein festgelegt werden.

Das Gehalt oder der Lohn des jeweiligen Arbeitnehmers orientiert sich an den verfügbaren Qualifikationen und Kompetenzen sowie an den bisherigen Berufserfahrungen und Leistungen und den Anforderungen, die ein spezieller Arbeitsplatz stellt. Dabei muss das **Allgemeine Gleichbehandlungsgesetz** berücksichtigt werden, denn es ist nicht zulässig, eine Diskriminierung aufgrund bestimmter Kriterien vorzunehmen. Eine solche gesetzeswidrige Regelung kann zu Schadensersatzforderungen führen.

Bei der Vergütung müssen daher bestimmte **gesetzliche Grundlagen** berücksichtigt werden. Hierzu gehören

▪ das Betriebsverfassungsgesetz,

▪ das Tarifvertragsgesetz,

▪ das Entgeltfortzahlungsgesetz,

▪ die allgemeinen Regelungen im Bürgerlichen Gesetzbuch, und

▪ das Allgemeine Gleichbehandlungsgesetz.

Darüber hinaus beeinflussen Tarifverträge in Form von Manteltarifverträgen oder Lohn- und Gehaltstarifverträgen die Höhe der Vergütung. Auch → Betriebsvereinbarungen haben einen maßgeblichen Einfluss auf die Vergütung. Durch Betriebsvereinbarungen können Tarifverträge erweitert werden.

In den Arbeitsverträgen werden diese Regelungen mit einfließen. Zu den notwendigen Angaben, die die Höhe der Vergütung im Arbeitsvertrag konkretisieren, gehören die Art des Entgeltes, die Fälligkeit, die Höhe und auch die Vergütung von Mehrarbeit, Schichtarbeit und Sonntagsarbeit sowie andere Vergütungen.

> Die **Lohnfindung** kann anhand der Qualifikationen erfolgen, aber auch sich primär an den Anforderungen des Arbeitsplatzes orientieren.

Vor allem im Bereich der Fertigung beruht eine gängige Systematik auf der summarischen oder der analytischen Arbeitsbewertung. Bei der summarischen Arbeitsbewertung wird wiederum unterschieden in das Rangfolge- und das Lohngruppenverfahren.

- Beim **Rangfolgeverfahren** werden alle Tätigkeiten, die in einer Arbeitsbeschreibung enthalten sind, aufgelistet und dann analysiert. Bei dieser Analyse wird eine Rangfolge hergestellt. Aus dieser Abstufung ergibt sich dann der Schwierigkeitsgrad, der an dem einzelnen Mitarbeiter zugeordnet wird.

- Beim **Lohngruppenverfahren** indes werden Lohn und Gehaltsgruppen formiert, bei denen eine Lohngruppendefinition erfolgt. Bei der Lohngruppendefinition ist eine Staffelung nach dem Schwierigkeitsgrad möglich, der in Prozent ausgedrückt wird. Je höher der Anforderungsgrad ausfällt, desto höher ist auch die Vergütung des einzelnen Mitarbeiters. Bei der analytischen Arbeitsbewertung wird die jeweilige Anforderung genauer definiert und eingegrenzt. Diesem Verfahren liegt das so genannte Genfer Schema zugrunde, das die Anforderungsarten in verschiedene Kategorien aufgegliedert. Diese Kategorien sind Können, Verantwortung, Belastung und Arbeitsbedingungen.

Die bereits erwähnten Kategorien werden weiter aufgefächert in ergonomische Aspekte. So kann zum Beispiel in eine Tätigkeit aufgeschlüsselt werden, die vorwiegend körperlich belastend ist, oder eine Tätigkeit, die den Körper nicht zu sehr belastet. Darüber hinaus werden Umgebungseinflüsse mit einbezogen. Das Modell differenziert dann weiter die beiden Anforderungsarten anhand dieses Schemas und untergliedert in

- Kenntnisse,
- Geschicklichkeit,
- Verantwortung,
- geistige Belastung,
- körperliche Belastung und
- Umgebungseinflüsse.

Die analytische Arbeitsplatzbewertung wird unterteilt in das Rangreihenverfahren und das Stufenwertzahlverfahren.

- Beim **Rangreihenverfahren** werden die Tätigkeiten von der einfachsten bis zur komplexesten Tätigkeit aufgefächert und mit einer Prozentzahl bewertet die von 0 % bis 100 % reicht. Dabei gibt es Rangreihenverfahren, die getrennt gewichtet oder die insgesamt eine Gewichtung vornehmen und dabei einen absoluten Arbeitswert ermitteln.

- Das **Stufenwertzahlverfahren** teilt die Tätigkeiten in Kategorien ein und verknüpft damit eine Zahl. So können einfache Tätigkeiten mit einer geringen Zahl versehen werden und komplexe und vielschichtige Tätigkeiten mit einer höheren Zahl, was Einfluss auf die entsprechende Vergütung hat. Auch hierbei ist es möglich, Gewichtungsfaktoren zu benennen oder einzelne Faktoren zusammenzufassen.

Ein weiteres entscheidendes Themenfeld ist das Vergütungssystem, das im Personalwirtschaftsbereich auch als **Entgeltmanagement** bezeichnet wird.

Die Personalentlohnung oder die Personalvergütung ist ein wichtiges und zentrales Thema, das bei der Rekrutierung von Arbeitskräften einen entscheidenden Beitrag leisten kann. Moderne Vergütungsformen erschöpfen sich nicht in den klassischen Zeitakkord- und Prämienlöhnen, sondern berücksichtigen auch andere Formen der Vergütung wie beispielsweise einen Beteiligungs- oder Prämienlohn und Incentive-Systeme.

Bei der Vergütung spielen Fragen der **Lohnnebenkosten**, der Sozialabgaben und die Optimierung von Vergütungssystemen eine entscheidende Rolle. Auch die betriebliche Altersversorgung gewinnt in diesem Kontext immer mehr an Bedeutung.

Bei den Vergütungen spielen die **Löhne** die wichtigste Rolle. Neben den Löhnen können aber auch noch andere Vergütungen erfolgen. Eine Art der Vergütung ist auch die Entgeltfortzahlung, die gesetzlich vorgeschrieben ist und bei Krankheiten sich auf eine Dauer von sechs Wochen erstreckt.

Zudem können natürlich auch Urlaubsansprüche Vergütungen nach sich ziehen, und an gesetzlichen Feiertagen entfällt die Arbeitstätigkeit – es müssen aber dennoch Löhne gezahlt werden.

> Bei den Löhnen differenziert die **Systematik** in die Kategorien Zeit-, Akkord- und Prämienlöhne. Bei Zeitlöhnen erfolgt die Vergütung entsprechend der geleisteten Arbeitszeit. Der Zeitlohn ist abhängig vom Lohnsatz. Die Einheit wird multipliziert mit der Anzahl der Zeiteinheiten.

Zusätzlich gewähren viele Unternehmen eine **Zulage**; diese wird häufig als Prämie bezeichnet und kann in Form einer Qualitäts-, Mengen-, Anwesenheits- oder Flexibilitätsprämie konkret ausgestaltet werden. Im Bereich der Fertigung wird häufig ein Akkordlohn bezahlt, der in Abhängigkeit zu der geleisteten Arbeitsmenge steht.

Zwischenstand:
Fragen und Antworten

Bist du fit für die Prüfung?

Beantworte die folgenden Fragen und finde heraus, ob du die Inhalte dieser Etappe verinnerlicht hast. Die Antworten stehen online für dich bereit. Folge einfach dem QR-Code am Ende des Fragenkatalogs oder dem Link:

fit-lernhilfen.de/personal/16.htm

Addiere die Fit-Punktzahlen der korrekt beantworteten Fragen, die in der eckigen Klammer angegeben sind, und notiere diese in der Auswertung am Ende des Buches, um deinen Fitness-Stand zu errechnen.

Was sind Beispiele für geldwerte Vorteile?

[2 Fit-Punkte]

☐ Zurverfügungstellung eines Dienstwagens

☐ Belegschaftsrabatt

☐ Provision

Was sind Personalbasiskosten?

[2 Fit-Punkte]

☐ Gratifikationen

☐ Leistungsprämien

☐ Lohn

☐ Gehalt

Welche zwei Hauptkategorien gibt es bei der Arbeitsbewertung?

[2 Fit-Punkte]

☐ summarisch

☐ kumulativ

☐ analytisch

☐ synthetisch

Worauf können Personalzusatzkosten beruhen?

[2 Fit-Punkte]

☐ Tarifvertrag

☐ freiwillige Vereinbarung

☐ Gesetz

Dein Punktestand Etappe 16

[_____ Fit-Punkte]

● Den Fitness-Stand errechnen

Nun erfährst du, wie fit du für die Prüfung bist. Notiere deine erreichten Punktzahlen aus den einzelnen Etappen in den entsprechenden Feldern und bilde die Summe. Im Anschluss daran kannst du deinen Fitnessgrad für die Prüfung bestimmen:

Dein Punktestand Etappe 1	[.............. Fit-Punkte]
Dein Punktestand Etappe 2	[.............. Fit-Punkte]
Dein Punktestand Etappe 3	[.............. Fit-Punkte]
Dein Punktestand Etappe 4	[.............. Fit-Punkte]
Dein Punktestand Etappe 5	[.............. Fit-Punkte]
Dein Punktestand Etappe 6	[.............. Fit-Punkte]
Dein Punktestand Etappe 7	[.............. Fit-Punkte]
Dein Punktestand Etappe 8	[.............. Fit-Punkte]
Dein Punktestand Etappe 9	[.............. Fit-Punkte]
Dein Punktestand Etappe 10	[.............. Fit-Punkte]
Dein Punktestand Etappe 11	[.............. Fit-Punkte]
Dein Punktestand Etappe 12	[.............. Fit-Punkte]
Dein Punktestand Etappe 13	[.............. Fit-Punkte]
Dein Punktestand Etappe 14	[.............. Fit-Punkte]
Dein Punktestand Etappe 15	[.............. Fit-Punkte]
Dein Punktestand Etappe 16	[.............. Fit-Punkte]
Gesamtpunktestand	**[.............. Fit-Punkte]**

* Dieses Buch beinhaltet die Grundlagen der Personalwirtschaft. Deine Dozentin oder dein Dozent können gegebenenfalls andere Schwerpunkte setzen oder tiefer in den Stoff eintauchen. Reichere deswegen diese Inhalte aus dem Buch unbedingt mit deinen Mitschrieben aus den Vorlesungen an, um in vollem Umfang fit für die Prüfung zu sein. Sollte deiner Meinung nach ein Thema in diesem Buch künftig stärker gewürdigt werden, dann schreibe uns eine E-Mail unter wirtschaft@uvk.de.

0 bis 49 Punkte: Da hilft kein drumherum reden: Du bist nicht fit. Lies das Buch erneut und konzentriere dich dabei ganz besonders auf die Etappen, in denen du nur wenige oder gar keine Punkte erzielen konntest. Denk daran, dass das Wissen aus den Etappen aufeinander aufbaut. Die Lücken bei den Grundlagen musst du also unbedingt schließen, um dein Verständnis beim Lesen zu erhöhen. Nur so kannst du das Wissen der folgenden Etappen erfolgreich vernetzen. Jetzt nur keine Panik – du schaffst das!

50 bis 84 Punkte: Mit dieser Leistung könnte es in der Prüfung sehr brenzlig werden. Am besten steigst du in die Etappen ein, in denen du die wenigsten Punkte erzielt hast. Solltest du bei den Grundlagen Schwächen gezeigt haben, nimm dir diese unbedingt nochmals vor. Vielleicht hilft dir auch das Glossar am Ende des Buches, um definitorische Lücken zu schließen. Nun heißt es: Ärmel hochkrempeln und erneut in den Stoff gezielt eintauchen.

85 bis 119 Punkte: Na also, das sieht doch gut aus. Wenn es deine Zeit zulässt, kannst du nochmals in die Etappen einsteigen, in denen du die wenigsten Punkte erzielt hast. Dadurch kannst du deine letzten Lücken schließen. Ein Blick in das Glossar hilft dir dabei, die Definitionen zu wiederholen. Wenn du noch etwas Zeit investierst, kannst du mit einem guten Gefühl in die Prüfung gehen.

120 bis 150 Punkte: Prima, eine wirklich tolle Leistung. Du hast den Stoff der einzelnen Etappen bereits sehr gut verinnerlicht und bist fit für die Prüfung. Die Punktestände der einzelnen Etappen verraten dir, in welchen Themenbereichen du noch kleinere Schwächen hast. Wenn du dafür noch etwas Zeit investierst, könntest du in der Prüfung glänzen. Wir drücken die Daumen!

Glossar

Arbeitsrecht

Das Arbeitsrecht ist die Summe aller Normen und Gesetze, die für die Personalwirtschaft von Bedeutung sind.

Arbeitsvertrag

Der Arbeitsvertrag regelt das Arbeitsverhältnis auf rechtlicher Basis. Er muss bestimmte Aspekte umfassen, die gesetzlich im so genannten Nachweisgesetz festgelegt sind.

Arbeitszeugnis

Arbeitszeugnisse dokumentieren die Leistungen, Erfahrungen, Fähigkeiten und Kompetenzen des Bewerbers. Arbeitszeugnisse werden kategorisiert in Zwischenzeugnisse, vorläufige, einfache und qualifizierte Zeugnisse.

Assessmentcenter

Das Assessmentcenter ist ein spezielles Verfahren zur Personalauswahl und zur Personalförderung, das sich verschiedener Methoden (Eignungstests, Gruppenarbeit, Interviews, Präsentationsübung, Postkorbübung) bedient.

Bedürfnispyramide

Die Bedürfnispyramide von Abraham Maslow untergliedert sich in verschiedene Bedürfnisse, Defizite und Wachstumsbedürfnisse. Sie ist stufenartig unterteilt und entspringt der so genannten Humanistischen Psychologie, die die Selbstverwirklichung in den Mittelpunkt des menschlichen Strebens rückt.

Belegschaft

Die Belegschaft oder das Personal stellt die Gesamtheit der Mitarbeiter eines Unternehmens dar.

Betriebsvereinbarung

Die Betriebsvereinbarung ist rechtlich ein Vertrag, der zwischen dem Unternehmen und dem Betriebsrat ausgehandelt wird.

Bewerbung

Die Bewerbung ist der Ausgangspunkt für die Stellensuche. In der Praxis wird zwischen unaufgeforderten Initiativbewerbungen und regulären Bewerbungen unterschieden. Bewerbungen können auch als Kurzbewerbung oder Online-Bewerbung gestaltet sein.

Direktansprache (Direct Search)

Die Direktansprache, eine spezialisierte Form der Personalberatung, unterstützt das Unternehmen bei der Auswahl und der Suche von hoch qualifiziertem und erfahrenem Führungspersonal oder von Experten.

Eignungstests

Es gibt verschiedene Eignungstests, die die Persönlichkeitsmerkmale, das Verhalten und die Kompetenzen des Bewerbers näher erfassen sollen.

Ergonomie

Die Ergonomie ist eine Teildisziplin der Arbeitswissenschaft und befasst sich vor allem mit der Sicherheit und den Schutzmaßnahmen im Arbeitsalltag an der Schnittstelle zwischen Mensch und Maschine.

Führungsstil

Der Führungsstil beschreibt die Art und Weise, wie ein Vorgesetzter seinen Mitarbeiter führt.

Führungstechniken

Führungstechniken sind die Verfahren, die bei der Führung angewandt werden. Am bekanntesten sind die Management-by-Ansätze wie Management by Objectives, by Delegation, by Exception und by Systems.

Human Relations

Der Human-Relations-Ansatz entstand in der 20er und 30er Jahren und bedeutet eine Abkehr vom Taylorismus. Beim Human-Relations-Ansatz stehen die Beziehungen zwischen den Menschen, soziale Anerkennung und ein Führungsstil, der Arbeitszufriedenheit fördert, im Vordergrund.

Kündigung

Die Kündigung ist die Beendigung eines Arbeitsverhältnisses. Es wird zwischen ordentlicher (fristgemäßer) und außerordentlicher Kündigung unterschieden. Als Kündigungsgründe sind die betriebsbedingte, die verhaltensbedingte und die personenbedingte Kündigung zugelassen.

Lebenslauf

Der Lebenslauf des Bewerbers beschreibt dessen berufliche und persönliche Entwicklung. Lebensläufe werden vor allem tabellarisch erstellt und folgen dem angelsächsischen Muster, demzufolge die Abfolge rückwärts chronologisch erfolgen sollte.

Outplacement

Outplacement ist eine externe Unternehmensdienstleistung. Der Outplacementberater unterstützt das Unternehmen bei der Freisetzung von Mitarbeitern. Outplacement umfasst die Hilfe bei Bewerbungen und bei der Neupositionierung am Arbeitsmarkt.

Personal

Das Personal ist betriebswirtschaftlich betrachtet ein dispositiver Produktionsfaktor und eine der wichtigsten Determinanten für den Unternehmenserfolg.

Personalabteilung

Die Personalabteilung ist eine Organisationseinheit des Unternehmens, deren Aufgabe darin besteht, Personal zu beschaffen, optimal im Unternehmen einzusetzen sowie angemessen zu betreuen und zu verwalten.

Personalbeschaffung

Die Personalbeschaffung bezieht sich auf die Bereitstellung der erforderlichen Beschäftigten im Unternehmen.

Personalcontrolling

Personalcontrolling ermöglicht die systematische Kontrolle und Weiterentwicklung des personalwirtschaftlichen Einsatzes anhand von Kennzahlen. Das Personalcontrolling wird nach zeitlichen Aspekten in ein operatives, taktisches und strategisches Personalcontrolling untergliedert.

Personalentwicklung

Die Personalentwicklung umfasst alle Maßnahmen, um die Qualifikation der Mitarbeiter zu erhalten, auszubauen und kontinuierlich zu verbessern.

Personalführung

Die Personalführung hat die Aufgabe, die Arbeitsorganisation und die Motivation, das Leistungspotenzial und die Arbeitsbereitschaft der Mitarbeiter zu optimieren.

Personalkosten

Personalkosten sind alle Kosten, die im Zusammenhang mit dem Personal entstehen. Es wird differenziert zwischen Personalbasiskosten (Löhnen und Gehältern) und Personalzusatzkosten.

Personalmarketing

Das Personalmarketing ist eine ressortübergreifende Denkweise, die darauf ausgerichtet ist, das Unternehmen optimal auf den Beschaffungsmärkten für Personal zu positionieren.

Personalplanung

Die Personalplanung ist eine umfassende Konzeption zur Steuerung des Personalbestandes. Die Personalplanung bezieht sich auf einzelne personalwirtschaftliche Funktionen, zu denen die Personalbeschaffung, der Personaleinsatz und die Personalfreistellung gehören.

Personalpolitik

Die Personalpolitik bestimmt, wie die Personalwirtschaft ausgerichtet ist und welchen grundlegenden Zielen und Aufgaben sie folgt.

Personalvergütung

Die Personalvergütung umfasst alle Formen der Vergütung der Arbeitsleistung der Arbeitnehmer. Hierzu gehören Entgelte wie beispielsweise Gehälter, Löhne, Zulagen, Gratifikationen sowie geldwerte Leistungen.

Personalverwaltung

Die Personalverwaltung umfasst eine Vielzahl von Aufgaben wie beispielsweise die gesamte Abwicklung der Korrespondenz, die Erstellung von Stellenausschreibungen, die Verwaltung von Bewerbungsunterlagen, die Entgeltabrechnung und andere Aufgaben.

Personalwirtschaft

Die Personalwirtschaft ist ein für die Ertragssituation und die Innovationsfähigkeit maßgeblicher Funktionsbereich im Unternehmen. Die Personalwirtschaft umfasst das gesamte unternehmensinterne System des Personalmanagements.

Personalwirtschaftslehre

Die Personalwirtschaftslehre fungiert als eine Teildisziplin der Betriebswirtschaftslehre, die in verschiedene Einzelbereiche unterteilt werden kann. Sie beruht auf einer interdisziplinären Perspektive, die auf verschiedene andere Sozialwissenschaften wie beispielsweise die Psychologie, die Soziologie, die Rechtswissenschaft, die Volkswirtschaftslehre und die Berufspädagogik zurückgreift.

Persönlichkeitstest

Persönlichkeitstests sollen Aufschluss über die einzelnen Persönlichkeitsmerkmale des Bewerbers geben.

Stakeholder Value

Beim Stakeholder-Value-Ansatz wird differenziert zwischen internen und externen Stakeholdern. Es handelt sich um Anspruchsgruppen, die ein Interesse am Erfolg des Unternehmens haben.

Tarifvertrag

Ein Tarifvertrag ist ein Vertrag zwischen einem Arbeitgeberverband (oder einem Unternehmen) und Gewerkschaften. Es wird unterschieden zwischen Unternehmenstarifvertrag (Haustarifvertrag), Verbandstarifvertrag, Manteltarifvertrag sowie Lohn- und Gehaltstarifvertrag.

Taylorismus

Im Mittelpunkt der wissenschaftlichen Betriebsführung des Taylorismus stehen Leistung und Effizienzdenken, Streben nach Produktivität, eine effiziente Arbeitsteilung, eine Optimierung der Arbeitsumgebung und differenzierte Anreizsysteme, die die Motivation der Mitarbeiter erhöhen sollen.

XY-Theorie

Die XY-Theorie von McGregor orientiert sich an unterschiedlichen Menschenbildern und deren Motivationsgrundlagen. Dabei wird zwischen zwei verschiedenen, konträren Auffassungen unterschieden, die als X- und als Y-Theorie bezeichnet werden.

Z-Theorie

Die Z-Theorie beschreibt den japanischen Managementstil. Charakteristika des japanischen Managementmodells sind eine lebenslange Verbundenheit gegenüber einem Unternehmen, Entscheidungen, die von einem Kollektiv ausgehen, lebenslange Beschäftigung bei einem Unternehmen und Aufstiegsmöglichkeiten, die langfristig angelegt sind.

Zweifaktorenmodell

Das Zweifaktorenmodell differenziert die zwei Dimensionen Zufriedenheit und Unzufriedenheit in Abhängigkeit von Motivations- und Hygienefaktoren.

Literatur

Albert, Günther: Betriebliche Personalwirtschaft. 11., aktualisierte u. erw. Aufl. Herne: Kiehl 2011.

Albert, Günther: Betriebliche Personalwirtschaft. 10., aktualisierte und erw. Aufl. Ludwigshafen: Kiehl 2009.

Bartosch, Dieter: Digitale Personalakte. Recht, Organisation, Technik. 2., überarb. u. erw. Aufl. Heidelberg: Datakontext 2010.

Bartscher, Thomas: Personalmanagement. München: Pearson 2012.

Becker, Manfred: Personalwirtschaft. Lehrbuch für Studium und Praxis. Stuttgart: Schäffer-Poeschel 2010.

Böhmer, Nicole; Schinnenburg, Heike; Steinert, Carsten: Fallstudien im Personalmanagement: Entscheidungen treffen, Konzepte entwickeln, Strategien aufbauen. München: Pearson 2012.

Böker, Karl-Hermann: Zeitwirtschaftssysteme. Frankfurt, M.: Bund-Verl. 2010.

Böttger, Eva: Employer Branding. Wiesbaden: Gabler 2012.

Bröckermann, Reiner: Personalwirtschaft. 6., überarb. Aufl. Stuttgart: Schäffer-Poeschel 2012.

Büdenbender, Ulrich: Gabler, Kompaktlexikon Personal. 3., komplett überarb. Aufl. Wiesbaden: Gabler 2011.

Drumm, Hans Jürgen: Personalwirtschaft. 6., überarb. Aufl. Berlin: Springer 2008.

Dumrese, Anne: Personalvermittlung. Handlungsempfehlungen für Arbeitgeber, Vermittler und Verbände. Hamburg: Diplomica-Verl. 2010.

Eisele, Daniela: Praxisorientierte Personalwirtschaftslehre. 7., vollst. überarb. Aufl. Stuttgart: Kohlhammer 2010.

Friedrich, Florian: Prozessoptimierung im Personalwesen. München: AVM 2011.

Geiselmann, Friedrich: Prozessoptimierung im Personalbereich. Düsseldorf: Management-Karriere-Verl. 2011.

Haritz, Marcel: E-Recruiting. Effiziente Ansätze zur Beschaffung von Hochschulabsolventen für Traineeprogramme. Hamburg: Diplomica-Verl. 2011.

Hilb, Martin: Integriertes Personal-Management. 20., aktualisierte und erw. Aufl. Köln: Luchterhand 2011.

Jansen, Thomas: Kompakt-Training Personalcontrolling. Ludwigshafen: Kiehl 2008.

Jung, Hans: Arbeits- und Übungsbuch Personalwirtschaft. 3., akt. Aufl. München: Oldenbourg 2012.

Kaesler, Clemens; Kaesler-Probst, Frauke: Personalwirtschaft. Berlin: Cornelsen 2011.

Krause, Günter; Krause Bärbel: Personalwirtschaft. Klausurtypische Aufgaben und Lösungen. Herne: Kiehl 2011.

Küfner-Schmitt, Irmgard: Arbeitsrecht. 9. akt. Aufl. Freiburg: Haufe 2012.

Kunz, Gunnar: Mitarbeitergespräche. Wie Führungskräfte den konstruktiven Dialog gestalten. Köln: Luchterhand 2009.

Link, Jörg: Führungssysteme. Strategische Herausforderung für Organisation, Controlling und Personalwesen. 6., überarb. u. erw. Aufl. München: Vahlen 2011.

Lisges, Guido: Personalcontrolling. 3. Aufl. Freiburg: Haufe-Mediengruppe 2009.

Lourens, Johan; Brughmans, Ivo; Harbig, Andreas J.: Profitables Personalmanagement: Nachhaltige Wertschöpfung durch effiziente Organisation. Köln: Luchterhand 2008.

Nerdinger, Friedemann: Arbeits- und Organisationspsychologie. 2., überarb. Aufl. Berlin: Springer 2011.

Oechsler, Walter A.: Personal und Arbeit. Grundlagen des Human-Resource-Management und der Arbeitgeber-Arbeitnehmer-Beziehungen 9., akt. u. überarb. Aufl. München: Oldenbourg 2011.

Olfert, Klaus: Lexikon Personalwirtschaft. 2. Aufl. Herne: Kiehl 2010.

Olfert, Klaus: Lexikon Personalwirtschaft. 3., verb. und aktualisierte Aufl. Herne: Kiehl 2011.

Olfert, Klaus: Personalwirtschaft. 7., verb. u. akt. Aufl. Herne: Kiehl 2011.

Palmieri, Alessandra: Führungskräftetraining als Instrument der modernen Personalentwicklung. Hamburg: Diplomica-Verl. 2011.

Ridder, Hans-Gerd: Personalwirtschaftslehre. 3., überarb. u. akt. Aufl. Stuttgart: Kohlhammer 2009.

Rohrlack, Kirsten: Personalbeschaffung – kompakt! München: Hampp 2012.

Scholz, Christian: Human Capital Management. 3., aktualisierte Aufl. Köln: Luchterhand 2011.

Stopp, Udo; Kirschten, Uta: Betriebliche Personalwirtschaft: Aktuelle Herausforderungen, praxisorientierte Grundlagen und Beispiele. 28., neu bearb. u. erw. Aufl. Renningen: expert 2012.

Strohmeier, Stefan: Informationssysteme im Personalmanagement. Wiesbaden: Vieweg & Teubner 2008.

Ulmer, Gerd: Gehaltssysteme erfolgreich gestalten. 3., überarb. und erw. Aufl. Berlin: Springer 2009.

Vahs, Dietmar: Personalentwicklung für die Praxis. Stuttgart: Schäffer-Poeschel 2011.

Weuster, Arnulf: Personalauswahl. 2., akt. u. überarb. Aufl. Wiesbaden: Gabler 2008.

Wickel-Kirsch, Silke; Janusch, Matthias; Knorr, Elke: Personalwirtschaft: Grundlagen der Personalarbeit in Unternehmen. Wiesbaden: Gabler 2008.

Wildenmann, Bernd: Professionell führen. 7., akt. Aufl. Köln: Luchterhand 2009.

Stichwortverzeichnis